工程量清单计价造价员培训教程

工程量清单计价基础知识

（第二版）

工程造价员网　张国栋　主编

中国建筑工业出版社

图书在版编目（CIP）数据

工程量清单计价基础知识/张国栋主编．—2版．—北京：中国建筑工业出版社，2016.3
工程量清单计价造价员培训教程
ISBN 978-7-112-19177-2

Ⅰ.①工…　Ⅱ.①张…　Ⅲ.①建筑工程-工程造价-技术培训-教材　Ⅳ.①TU723.3

中国版本图书馆CIP数据核字(2016)第036560号

本书将住房和城乡建设部新颁《建设工程工程量清单计价规范》（GB 50500—2013）与《全国统一建筑工程基础定额》（GJD—101—95）有效地结合起来，以便帮助读者更好地掌握新规范，巩固旧知识。编写时力求深入浅出、通俗易懂，加强其实用性，在阐述基础知识、基本原理的基础上，以应用为重点，做到理论联系实际，列举了大量实例，突出了定额的应用、概（预）算编制及清单的使用等重点。本书可供工程造价、工程管理及高等专科学校、高等职业技术学校和中等专业技术学校建筑工程专业、工业与应用建筑专业与土建类其他专业作教学用书，也可供建筑工程技术人员及从事有关经济管理的工作人员参考。

*　　*　　*

责任编辑：周世明
责任校对：陈晶晶　赵　颖

工程量清单计价造价员培训教程
工程量清单计价基础知识
（第二版）
工程造价员网　张国栋　主编

*

中国建筑工业出版社出版、发行（北京西郊百万庄）
各地新华书店、建筑书店经销
北京红光制版公司制版
北京富生印刷厂印刷

*

开本：787×1092毫米　1/16　印张：10　字数：242千字
2016年5月第二版　2016年5月第四次印刷
定价：**25.00**元
ISBN 978-7-112-19177-2
（28435）

编 委 会

主　　编　工程造价员网　张国栋

参　　编　郭芳芳　马　波　王春花　黄　江

耿蕊蕊　郑丹红　王文芳　荆玲敏

李　雪　董明明　冯　倩　吴云雷

胡　皓　王　娜　李　轩

第二版前言

工程量清单计价造价员培训教程系列共有6本书，分别为工程量清单计价基本知识、建筑工程、装饰装修工程、安装工程、市政工程、园林绿化工程。第一版书于2004年出版面世，书中采用的规范为《建设工程工程量清单计价规范》(GB 50500—2003) 和各专业对应的全国定额。在2004～2014年期间，住房和城乡建设部分别对清单规范进行了两次修订，即2008年和2013年各一次，目前最新的为2013版本，2013清单计价规范相对之前的规范做了很大的改动，将不同的专业采用不同的分册单独列出来，而且新的规范增加了原来规范上没有的诸如城市轨道等等内容。

作者在第一版书籍面世之后始终没有停止对该系列书的修订，第二版是在第一版的基础上修订，第二版保留了第一版的优点，并对书中有缺陷的地方进行了补充，特别是在2013版清单计价规范颁布实施之后，作者更是投入了大量的时间和精力，从基本知识到实例解析，逐步深入，结合规范和定额逐一进行了修订。与第一版相比，第二版书中主要做的修订情况包括如下：

1. 首先将原书中的内容进行了系统的划分，使本书结构更清晰，层次更明了。

2. 更改了第一版书中原先遗留的问题，将多年来读者来信或邮件或电话反馈的问题进行汇总，并集中进行了处理。

3. 将书中比较老旧过时的一些专业名词、术语介绍、计算规则做了相应的改动。并增添了一些新规范上新增添的术语之类的介绍。

4. 将书中的清单计价规范涉及的内容更换为最新的2013版清单计价规范。

5. 将书中的实例计算过程对应的添加了注释解说，方便读者查阅和探究对计算过程中的数据来源分析。

6. 将实例中涉及的投标报价相关的表格填写更换为最新模式下的表格，以迎合当前造价行业的发展趋势。

完稿之后作者希望该第二版，能为众多学者提供学习方便，同时也让刚入行的人员能通过这条捷径尽快掌握预算的要领并运用到实际当中。

本书在编写过程中，得到了许多同行的支持与帮助，在此表示感谢。由于编者水平有限，书中难免有错误和不妥之处，望广大读者批评指正。如有疑问，请登录www. gczjy. com（工程造价员网）或www. ysypx. com（预算员网）或www. debzw. com（企业定额编制网）或www. gclqd. com（工程量清单计价网），或发邮件至zz6219@163. com或dlwhgs@tom. com与编者联系。

编者

目　　录

第一章　工程量清单计价概述

第一节　工程量清单概论

一、国内外工程造价管理的发展历史

（一）国外工程造价管理的发展历史

人们对工程造价管理的认识是随着生产力的发展，随着市场经济的发展和现代科学管理的发展不断加深的。

资本主义社会化大生产的发展，使共同劳动的规模日益扩大，劳动分工和协作越来越细、越来越复杂，对工程建设的消耗进行科学管理也就愈加重要。

例如英国，从16世纪到18世纪是英国工程造价管理发展的第一阶段。这个时期，随着设计和施工分离并各自形成一个独立专业以后，施工工匠需要有人帮助他们对已完成的工程进行测量和估价，以确定应得的报酬。这些人在英国被称为工料测量师（Quantity Surveyor）。这时的工料测量师是在工程设计和工程完工以后才去测量工程量和估算工程造价的，并以工匠小组的名义与工程委托人和建筑师进行洽商。从19世纪初期开始，资本主义国家在工程建设中开始推行招标承包制。形势要求工料测量师在工程设计以后和开工以前就进行测量和估价，根据图纸算出实物工程量并汇编成工程量清单，为招标者制订标底或为投标者作出报价。从此，工程造价管理逐步形成独立的专业。1881年英国皇家测量师学会成立。这个时期通常称为工程造价管理发展的第二个阶段，完成了工程造价管理的第一次飞跃。至此，工程委托人能够在工程开工之前，预先了解到需要支付的投资额，但是他还不能做到在设计阶段就对工程项目所需的投资进行准确预计，并对设计进行有效的监督控制。招标时，往往设计已经完成，此时业主才发现由于工程费用过高、投资不足，不得不停工或修改设计。业主为了使投资花得明智和恰当，为了使各种资源得到最有效的利用，迫切要求在设计的早期阶段以至在投资决策时，就开始进行投资估算，并对设计进行控制。另一方面，由于工程造价规划技术和分析方法的应用，工料测量师在设计过程中有可能相当准确地做出概预算，甚至在设计之前就做出估算，并可根据工程委托人的要求使工程造价控制在限额以内。因此，从20世纪40年代开始，一个“投资计划和控制制度”在英国等商品经济发达国家应运而生。工程造价管理的发展进入了第三阶段，完成了工程造价管理的再一次飞跃。

例如美国，19世纪末至20世纪初，资本主义生产日益扩大，高速度的工业发展与低水平的劳动生产率相矛盾。虽然科学技术发展很快，机器设备先进，但在管理上仍然沿用传统的经验方法，生产效率低、生产能力得不到充分发挥，阻碍了社会经济的进一步发展和繁荣，改善管理成了生产发展的迫切要求。在这种背景下，被称为“科学管理之父”的美国工程师弗·温·泰勒（F·W·Taylor 1856～1915）通过研究，制定出科学的工时定额，并提出一整套科学管理的方法，这就是著名的“泰勒制”。“泰勒制”的核心可归纳

为：制定科学的工时定额，采取有差别的计价工资，实际标准的操作方法，强化和协调职能管理。泰勒提倡科学管理，突破了当时传统管理方法的羁绊，通过科学试验，对工作时间利用进行细致的研究，制定出标准的操作方法；通过对工人进行训练，要求工人改变原来的习惯和操作方法，取消那些不必要的操作程序，并且在此基础上制定出较高的工时定额，用工时定额评价工人工作情况；为了使工人能达到定额所要求的标准，大大提高工作效率，又研究改进了生产工具与设备，制定了工具、机器、材料和作业环境的“标准化原理”。

“泰勒制”以后，管理科学一方面从研究操作方法、作业水平向研究科学管理方向发展，另一方面充分利用现代自然科学的最新成果——运筹学、电子计算机等科学技术手段进行科学管理。

从上述工程造价管理发展简史中不难看出，工程造价管理专业是随着工程建设的发展，随着商品经济的发展而日臻完善。归纳起来有以下几点：

1. 从事后算账发展到事先算账。从最初只是消极地反映已完工程量价格，逐步发展到在开工前进行工程量的计算和估价，进而发展到在初步设计时提出概算、在可行性研究时提出投资估价，这已成为业主做出投资决策的重要依据。

2. 从被动地反映设计和施工发展到能主动地影响设计和施工。从最初只负责施工阶段工程造价的确定和结算，逐步发展到在设计阶段、投资决策阶段对工程造价作出预测，并对设计和施工过程投资的支出进行监督和控制，进行工程建设全过程的造价控制和管理。

3. 从依附于施工者或建筑师发展成一个独立的专业。如在英国，有专业学会，有统一的业务职称评定和职业守则。不少高等院校也开设了工程造价管理专业，培养专业人才。

（二）国内工程造价管理的发展历史

在我国古代工程中，不少官府建筑规模宏大、技术要求很高，历代工匠积累了丰富的经验，并形成了许多丰硕成果，逐步形成一套工料限额管理制度，即现在我们常说的人工、材料定额。例如，据《辑古篹经》等书记载，我国唐代就已经有夯筑城台的用工定额——功。北宋将作少监（主管建筑的大臣）李诫于公元1103年编著的《营造法式》，既是土木建筑工程技术的一本巨著，也是工料计算方面的一本巨著。《营造法式》一书共有36卷，3555条，包括释名、名作制度、功限、料例、图样共五部分。其中“功限”就是现在所说的劳动定额，“料例”就是材料消耗限额。该书实际上是官府颁布的建筑规范和定额。它汇集了北宋以前的技术精华，吸取了历代工匠的经验，对控制工料消耗、加强设计监督和施工管理起了很大作用，一直沿袭到明清。明代管辖官府建筑的清工部所编著的《工程做法则例》中，也有许多内容是说明工料计算方法的，而且可以说它主要是一部算工算料的书。直到今天，《仿古建筑及园林工程预算定额》的编制仍将这些技术文献作为参考依据。

（三）新中国成立以来，建筑工程定额在我国的发展

新中国成立以来，国家十分重视建筑工程定额的制定和管理。建筑工程定额从无到有，从不健全到逐步健全，经历了分散——集中——分散——集中统一领导与分散管理相结合的发展历程。大体可分为以下几个阶段：

1. 国民经济恢复时期（1949～1952年）：这一时期是我国劳动定额工作创立阶段，主要是建立定额机构、开展劳动定额试点工作。1951年制定了东北地区统一劳动定额，1952年前后，华东、华北等地相继制定了劳动定额或工料消耗定额。

2. 第一个五年计划时期（1953～1957年）：在这一时期，随着大规模社会主义经济建设的开始，为了加强企业管理，推行了计件工资制，建筑工程定额得到充分应用和迅速发展。在第一个五年计划末，执行劳动定额计件工人已占生产工人的70%。这一时期执行的定额制度，在促进施工管理方面取得了很大成绩。

3. 从“大跃进”到“文化大革命”前期（1958～1966年）：1958年开始的第二个五年计划期间，由于经济领域中的“左”倾思潮影响，否定社会主义时期的商品生产和按劳分配，否定劳动定额和计件工资制，撤销一切定额机构。到1960年，建筑业实行计件工资的工人占生产工人的比重不到5%。直至1962年，原建筑工程部又正式修订颁发全国建筑安装工程统一劳动定额时，才逐步恢复定额制度。

4. “文化大革命”时期（1967～1976年）：“文化大革命”期间，以平均主义代替按劳分配，将劳动定额看成是“管、卡、压”，定额制度遭到否定，国民经济遭到严重破坏，建筑业全行业亏损。

5. 1979年以后：1979年后，我国国民经济又得到恢复和发展。1979年国家重新颁发了《建筑安装工程统一劳动定额》。1979年修订的统一劳动定额规定：地方和企业可以针对统一劳动定额中的缺项，编制本地区、本企业的补充定额，并可在一定范围内结合地区的具体情况作适当调整。1986年，原城乡建设环境保护部修订颁发了《建筑安装工程统一劳动定额》。1995年，原建设部又颁布了《全国统一建筑工程基础定额》。之后，全国各地都先后重新修订了各类建筑工程预算定额，使定额管理更加规范化和制度化。

二、我国传统工程造价管理和招投标体制存在的问题以及解决办法

（一）我国传统的工程造价管理模式及招投标体制

我国传统的工程造价管理模式是建设工程概、预算定额。

我国的建设工程概、预算定额产生于20世纪50年代，当时的大背景是学习苏联先进经验，因此定额的主要形式还是仿前苏定额，到60年代“文革”时被废止，变成了无定额的实报实销制度。“文革”以后拨乱反正，于80年代初又恢复了定额。可以看出在相当长的一段时期，工程预算定额都是我国建设工程承发包计价、定价的法定依据，在当时，全国各省市都有自己独立实行的工程概、预算定额，作为编制施工图设计预算、编制建设工程招标标底、投标报价以及签订工程承包合同等的依据，任何单位、任何个人在使用中必须严格执行，不能违背定额所规定的原则。应当说，定额是计划经济时代的产物，这种量价合一、工程造价静态管理的模式，在特定的历史条件下起到了确定和衡量建安造价标准的作用，规范了建筑市场，使专业人士有所依据、有所凭借，其历史功绩是不可磨灭的。

到20世纪90年代初，随着市场经济体制的建立，我国在工程施工发包与承包中开始初步实行招投标制度，但无论是业主编制标底，还是施工企业投标报价，在计价的规则上也还都没有超出定额规定的范畴。招投标制度本来引入的是竞争机制，可是因为定额的限制，因此也谈不上竞争，而且当时人们的思想也习惯于四平八稳，按定额计价时，并没有什么竞争意识。

(二) 在市场经济条件下，现行的工程造价管理方式存在很多问题，迫切需要进行改革

近年来，我国市场化经济已经基本形成，建设工程投资多元化的趋势已经出现。在经济成分中不仅仅包含了国有经济、集体经济，私有经济、三资经济、股份经济等也纷纷把资金投入建筑市场。企业作为市场的主体，必须是价格决策的主体，并应根据其自身的生产经营状况和市场供求关系决定其产品价格。这就要求企业必须具有充分的定价自主权，再用过去那种单一的、僵化的、一成不变的定额计价方式已显然不适应市场化经济发展的需要了。

传统定额模式对招投标工作的影响也是十分明显的。工程造价管理方式还不能完全适应招投标的要求。工程造价管理方式上存在的问题主要有：

1. 定额的指令性过强、指导性不足，反映在具体表现形式上主要是施工手段消耗部分统得过死，把企业的技术装备、施工手段、管理水平等本属竞争内容的活跃因素固定化了，不利于竞争机制的发挥。

2. 量、价合一的定额表现形式不适应市场经济对工程造价实施动态管理的要求，难以就人工、材料、机械等价格的变化适时调整工程造价。

3. 缺乏全国统一的基础定额和计价方法，地区和部门自成体系，且地区间、部门间同样项目定额水平悬殊，不利于全国统一市场的形成。

4. 适应编制标底和报价要求的基础定额尚待制订。一直使用的概算指标和预算定额都有其自身适用范围。概算指标，项目划分比较粗，只适用于初步设计阶段编制设计概算；预算定额，子目和各种系数过多，目前用它来编制标底和报价反映出来的问题是，工作量大、进度迟缓。

5. 各种取费计算繁琐，取费基础也不统一。

长期以来，我国发承包计价、定价是以工程预算定额作为主要依据的。1992 年为了适应建设市场改革的要求，针对工程预算定额编制和使用中存在的问题，建设部提出了“控制量、指导价、竞争费”的改革措施，将工程预算定额中的人工、材料、机械台班的消耗量和相应的单价分离，这一措施在我国实行市场经济初期起到了积极的作用。但随着建设市场化进程的发展，这种做法难以改变工程预算定额中国家指令性的状况，不能准确地反映各个企业的实际消耗量，不能全面地体现企业技术装备水平、管理水平和劳动生产率。为了适应目前工程招投标竞争由市场形成工程造价的需要，对现行工程计价方法和工程预算定额进行改革已势在必行。实行国际通行的工程量清单计价能够反映出工程的个别成本，有利于企业自主报价和公平竞争。

(三) 在市场经济条件下，国家进行建设工程造价改革的整体思想

建设工程造价，是指建设项目有计划地进行固定资产再生产，形成相应的无形资产和铺底流动资金的一次性费用的总和，平时我们所说的建安费用，是指某单项工程的建筑及设备安装费用。一般采用定额管理计价方式计算确定的费用就是指建安费用。建筑工程计价是整个建设工程程序中非常重要的一个环节，计价方式的科学正确与否，从小处讲，关系到一个企业的兴衰，从大处讲，则关系到整个建筑工程行业的发展。因此，建设工程计价一直是建筑工程各方最为重视的工作之一。

在改革开放前，我国在经济上施行的根本制度是计划经济制度，因此与之相适应的建设工程计价方法就是定额计价法。定额计价法是由政府有关部门颁发各种工程预算定额，

实际工作中以定额为基础计算工程建安造价。

我国加入 WTO 之后，全球经济一体化的趋势将要求我国的经济更多地融入世界经济中。我国必须进一步改革开放。从工程建筑市场来观察，更多的国际资本将进入我国的工程建筑市场，从而使我国的工程建筑市场的竞争更加激烈。我国的建筑企业也必然更多地走向世界，在世界建筑市场的激烈竞争中占据我们应有的份额。在这种形势下，我国的工程造价管理制度，不仅要适应社会主义市场经济的需求，还必须与国际惯例接轨。

基于以上认识，我国的工程造价计算方法应该适应社会主义市场经济和全球经济一体化的需求，应该进行重大的改革。长期以来，我国的工程造价计算方法，一直采用定额加取费的模式，即使经过三十多年的改革开放，这一模式也没有根本改变。中国加入 WTO 后，这一计算模式应该进行重大的改革。为了进行计价模式的改革，必须首先进行工程造价依据的改革。

我国加入 WTO 后，WTO 的自由贸易准则将促使我国尽快纳入全球经济一体化轨道，放开我国的建筑市场，大量国外建筑承包企业进入我国建筑市场后，将其采用的先进计价模式与我国企业竞争。这样，我们被迫引进并遵循工程造价管理的国际惯例，所以我国工程造价管理改革的最终目标是建立适应市场经济的计价模式。

（四）工程量清单计价模式是市场经济的产物

市场经济下的计价模式，就是制定全国统一的工程量计算规则，在招标时，由招标方提供工程量清单，各投标单位（承包商）根据自己的实力，按照竞争策略的要求自主报价，业主择优定标，以工程合同使报价法定化，施工中出现与招标文件或合同规定不符合的情况或工程量发生变化时据实索赔，调整支付。

建设工程市场化、国际化，使工程量清单计价法势在必行。在国内，建筑工程的计价过去是政出多门。各省、市都有自己的定额管理部门，都有自己独立施行的预算定额。各省市定额在工程项目划分、工程量计算规则、工程量计算单位上都有很大差别。甚至在同一省内，不同地区都有不同的执行标准。这样在各省市之间，定额根本无法通用，也很难进行交流。可是现在的市场经济，又打破了地区和行业的界限，在工程施工招投标过程中，按规定不允许搞地区及行业的垄断、不允许排斥潜在投标人。国内经济的发展，也促进了建筑行业跨省市的互相交流、互相渗透和互相竞争，在工程计价方式上也亟须要有一个全国通用和便于操作的标准，这就是工程量清单计价法。

在国际上，工程量清单计价法是通用的原则，是大多数国家所采用的工程计价方式。为了适应在建筑行业方面的国际交流，我国在加入 WTO 谈判中，在建设领域方面作了多项承诺，并拟废止部门规章、规范性文件 12 项，拟修订部门规章、规范性文件 6 项。并在适当的时期，允许设立外商投资建筑企业，外商投资建筑企业一经成立，便有权在中国境内承包建筑工程。这种竞争是国际性的，假如我们不进行计价方式的改革，不采用工程量清单计价法，在建筑领域也将无法和国际接轨，和外企也无法进行交流。

在国外，许多国家在工程招投标中采用工程量清单计价，不少国家还为此制定了统一的规则。我国加入 WTO 以来，建设市场将进一步对外开放，国外的企业以及投资的项目越来越多地进入国内市场，我国企业走出国门在海外投资的项目也会增加。为了适应这种对外开放建设市场的形势，在我国工程建设中推行工程量清单计价，逐步与国际惯例接轨已十分必要。

同时，我国近几年在部分省、市开展工程量清单计价的试点，取得了明显的成效，这也说明推行工程量清单计价在我国是可行的。自2000年起，建设部在广东、吉林、天津等地进行了工程量清单计价的试点工作。广东省顺德市由于企业改制比较好，改革的环境比较好，因而率先成为省的试点，推行工程量清单计价，使招投标活动的透明度增加，在充分竞争的基础上降低了造价，提高了投资效益，取得了很好的成果。从2001年开始，在全省范围内推广顺德经验，对原先的定价方式、计价模式等进行了改革，受到了招投标双方的普遍认可，即使是在经济相对落后的地方，也基本上得到了业主和承包商的肯定。

因此，一场国家取消定价，把定价权交还给企业和市场，实行量价分离，由市场形成价格的造价改革势在必行。其主导原则就是“确定量、市场价、竞争费”，具体改革措施就是在工程施工发、承包过程中采用工程量清单计价法。

工程量清单计价，从名称来看，只表现出这种计价方式与传统计价方式在形式上的区别。但实质上，工程量清单计价模式是一种与市场经济相适应的、允许承包单位自主报价的、通过市场竞争确定价格的、与国际惯例接轨的计价模式。因此，推行工程量清单计价是我国工程造价管理体制一项重要的改革措施，必将引起我国工程造价管理体制的重大变革。

三、推行工程量清单计价的目的和意义

（一）工程量清单

工程量清单是依据招标文件规定、施工设计图纸、施工现场条件和国家制定的统一工程量计算规则、分部分项工程的项目划分计量单位及其有关法定技术标准，计算出的构成工程实体各分部分项工程的、可提供编制标底和投标报价的实物工程量的汇总清单。工程量清单是编制招标工程标底和投标报价的依据，也是支付工程进度款和办理工程结算、调整工程量以及工程索赔的依据。

工程量清单（BOQ）是在19世纪30年代产生的，西方国家把计算工程量、提供工程量清单专业作为业主估价师的职责，所有的投标都要以业主提供的工程量清单为基础，从而使得最后的投标结果具有可比性，1992年英国出版了标准的工程量计算规则（SMM）、在英联邦国家中被广泛使用。

在国际工程施工承发包中，使用FIDIC合同条款时一般配套使用FIDIC工程量计算规则。它是在英国工程量计算规则（SMM）的基础上，根据工程项目、合同管理中的要求，由英国皇家特许测量师学会指定的委员会编写的。我国现正在与国际惯例接轨，2001年10月25日建设部第四十九次常务会议审议通过，自2001年12月1日起施行的《建筑工程施工发包与承包计价管理办法》就是一个标志。

（二）工程量清单计价的性质

工程量清单计价是指投标人完成由招标人提供的工程量清单所需的全部费用，包括分部分项工程费、措施项目费、其他项目费和规费、税金。

工程量清单计价方法，是在建设工程招投标中，招标人或委托具有资质的中介机构编制反映工程实体消耗和措施性消耗的工程量清单，并作为招标文件的一部分提供给投标人，由投标人依据工程量清单自主报价的计价方式。在工程招投标中采用工程量清单计价是国际上较为通行的做法。

工程量清单计价办法的主旨就是在全国范围内，统一项目编码、统一项目名称、统一

计量单位、统一工程量计算规则。在这四统一的前提下，由国家主管职能部门统一编制《建设工程工程量清单计价规范》，作为强制性标准，在全国统一实施。

（三）工程量清单计价的特点

实行工程量清单计价，工程量清单造价文件必须做到统一项目编码、统一项目名称、统一工程量计量单位、统一工程量计算规则，来达到清单项目工程量统一的目的。工程量清单计价是指投标人完成由招标人提供的工程量清单所需的全部费用，包括分部分项工程费、措施项目费、其他项目费和规费、税金。工程量清单计价的特点体现在以下几个方面：

1. 统一的计价规则　通过制定统一的建设工程工程量清单计价方法、统一的工程量计量规则、统一的工程量清单项目设置规则，达到规范计价行为的目的。这些规则和办法是强制性的，各方面都应该遵守，这是工程造价管理部门首次在文件中明确政府应管什么，不应管什么。

2. 有效控制消耗量　通过由政府发布统一的社会平均消耗量指导标准，为企业提供一个社会平均尺度，避免企业盲目或随意大幅度减少或增加消耗量，从而达到保证工程质量的目的。

3. 彻底放开价格　将工程消耗量定额中的工、料、机价格和利润、管理费全面放开，由市场的供求关系自行确定价格。

4. 企业自主报价　投标企业根据自身的技术专长、材料采购渠道和管理水平等，制定企业自己的报价定额，自主报价。企业尚无报价定额的，可参考使用造价管理部门颁布的《建设工程消耗量定额》。

5. 市场有序竞争形成价格　通过建立与国际惯例接轨的工程量清单计价模式，引入充分竞争形成价格的机制，制定衡量投标报价合理性的基础标准，在投标过程中，有效引入竞争机制，淡化标底的作用，在保证质量、工期的前提下，按国家《招标投标法》及有关条款规定，最终以“不低于成本”的合理低价者中标。

（四）实行工程量清单计价的目的和意义

1. 实行工程量清单计价，是工程造价深化改革的产物。

长期以来，工程预算定额是我国承发包计价、定价的主要依据。现预算定额中规定的消耗量和有关施工措施性费用是按社会平均水平编制的，以此为依据形成的工程造价基本上也属于社会平均价格。这种平均价格可作为市场竞争的参考价格，但不能反映参与竞争企业的实际消耗和技术管理水平，在一定程度上限制了企业的公平竞争。20世纪90年代国家提出了“控制量、指导价、竞争费”的改革措施，将工程预算定额中的人工、材料、机械消耗量和相应的量价分离，国家控制量以保证质量，价格逐步走向市场化，这一措施走出了向传统工程预算定额改革的第一步。但是，这种做法难以改变工程预算定额中国家指令性内容较多的状况，难以满足招标投标竞争定价和经评审的合理低价中标的要求。因为，国家定额的控制量是社会平均消耗量，不能反映企业的实际消耗量，不能全面体现企业的技术装备水平、管理水平和劳动生产率，不能体现公平竞争的原则，社会平均水平不能代表社会先进水平，为了改变以往的工程预算定额的计价模式，适应招标投标的需要，推行工程量清单计价办法是十分必要的。工程量清单计价是建设工程招标投标中，按照国家统一的工程量清单计价规范，由招标人提供工程数量，投标人自主报价，经评审低价中标的工程造价计价模式。采用工程量清单计价能反映工程个别成本，有利于企业自主报价和公平竞争。

2. 实行工程量清单计价，是规范建设市场秩序、适应社会主义市场经济发展的需要。

工程造价是工程建设的核心，也是市场运行的核心内容，建筑市场存在着许多不规范的行为，大多数与工程造价有直接联系。建筑产品是商品，具有商品的共性，它受价值规律、货币流通规律和供求规律的支配。过去工程预算定额在调节承发包双方利益和反映市场价格、需求方面存在着不相适应的地方，特别是公开、公正、公平竞争方面，还缺乏合理的机制，甚至出现了一些漏洞，高估冒算，相互串通，从中拿回扣的现象。发挥市场规律"竞争"和"价格"的作用是治本之策。尽快建立和完善市场形成工程造价的机制，是当前规范建筑市场的需要。通过推行工程量清单计价有利于发挥企业自主报价的能力，同时也有利于规范业主在工程招标中计价行为，有效改变招标单位在招标中盲目压价的行为，从而真正体现公开、公平、公正的原则，反映市场经济规律。

3. 实行工程量清单计价，是为促进建设市场有序竞争和企业健康发展的需要。

工程量清单作为招标文件的重要组成部分，应由招标单位或有资质的工程造价咨询单位编制，工程量清单编制时应准确、详尽、完整，有利于提高招标单位的管理水平，减少索赔事件的发生。由于工程量清单是公开的，将避免工程招标中的弄虚作假，暗箱操作等不规范行为。对承包企业，采用工程量清单报价，必须对单位工程成本、利润进行分析，统筹考虑、精心选择施工方案，并根据企业的定额合理确定人工、材料、施工机械等要素的投入与配置，优化组合，合理控制现场费用和施工技术措施费用，确定投标价。改变过去过分依赖国家发布定额的状况，企业根据自身的条件编制出自己的企业定额。

工程量清单计价的实行，有利于规范建设市场计价行为，规范建设市场秩序，促进建设市场有序竞争；有利于控制建设项目投资，合理利用资源；有利于促进技术进步，提高劳动生产率；有利于提高造价工程师的素质，使其成为懂技术、懂经济、懂管理的全面发展的复合型人才。

4. 实行工程量清单计价，有利于我国工程造价管理政府职能的转变。

按照政府部门真正履行"经济调节、市场监管、社会管理和公共服务"职能的要求，政府对工程造价的管理模式要相应改变，将推行"政府宏观调控、企业自主报价、市场形成价格、加强市场监管"的工程造价管理思路。实行工程量清单计价，将会有利于我国工程造价管理政府职能的转变，由过去政府控制的指令性定额转变为制定适应市场经济规律需要的工程量清单计价方法，由过去行政直接干预转变为对工程造价依法监管，有效地强化政府对工程造价的宏观调控。

5. 实行工程量清单计价，是适应我国加入世界贸易组织（WTO），融入世界大市场的需要。

工程量清单计价是目前国际上通行的做法，国外一些发达国家和地区，如我国香港地区基本采用这种方法，在国内的世界银行等国外金融机构、政府机构贷款项目在招标中大多也采用工程量清单计价办法。随着我国加入世贸组织，国内建筑业面临着两大变化，一是中国市场将更具有活力，二是国内市场逐步国际化，竞争更加激烈。入世以后，一是外国建筑商要进入我国建筑市场在建筑领域里开展竞争，他们必然要带进国际惯例、规范和做法来计算工程造价。二是国内建筑公司也同样要到国外市场竞争，也需要按国际惯例、规范和做法来计算工程造价。三是我国的国内工程方面，为了与外国建筑商在国内市场竞争，也要改变过去的做法，参照国际惯例、规范和做法来计算工程承发包价格。因此说，建筑产品的价格由市场形成是社会主义市场经济和适应国际惯例，融入国际大市场的需要。

“13规范”的发布施行，将提高工程量清单计价改革的整体效力，更加有利于工程量清单计价的全面推行，更加有利于规范工程建设参与各方的计价行为，对建立公开、公平、公正的市场竞争秩序，推进和完善市场形成工程造价机制的建设必将发挥重要作用，进一步推动我国工程造价改革迈上新的台阶。

四、实行工程量清单计价的配套措施

（一）工程量清单的法律依据及有关法律

1.《建设工程工程量清单计价规范》。

《建设工程工程量清单计价规范》（GB 50500—2013）是根据《中华人民共和国建筑法》、《中华人民共和国合同法》、《中华人民共和国招标投标法》等法律法规制定的，并于2013年7月1日起执行。

2.国家有关法律、法规和标准规范。工程量清单计价活动是政策性、技术性很强的一项工作，它涉及国家的法律、法规和标准规范比较广泛。所以，进行工程量清单计价活动时，除遵循《计价规范》外，还应符合国家有关法律、法规及标准规范的规定。主要包括：《建筑法》、《合同法》、《价格法》、《招标投标法》和原建设部关于《建筑工程施工发包与承包计价管理办法》及直接涉及工程造价的工程质量、安全及环境保护等方面的工程建设强制性标准规范。执行《计价规范》必须同贯彻《建筑法》等法律法规结合起来。

3.大力完善法制环境，尽快建立承包商信誉体系。建立承包商信誉体系也就是完善法制环境的辅助体系。可以编制一套完整的承包商信誉评级指标体系，为每个施工企业评定信誉等级，并在全国建立承包商信誉等级信息网。全国建设市场中任何一个招标投标活动都可以在该网中查找到每个投标企业的履约信誉等级，从而为评标提供依据。这个承包商信誉等级网可以作为全国工程造价信息网中的辅助部分存在。

引入竞争机制后，招标投标必然演绎成低价竞标。《招标投标法》第四十一条规定，中标人的投标应当符合下列条件之一：

（1）能够最大限度地满足招标文件中规定的各项综合评价标准；

（2）能够满足招标文件的实质性要求，并且经评审的投标价格最低；但是投标价格低于成本的除外。

对于条件（1），我们可以理解为以目前较为常用的定量综合评议法（如百分制评审法）评标定标，即评标小组在对投标文件进行评审时，按照招标文件中规定的各项评标标准，例如投标人的报价、质量、工期、施工组织设计、施工技术方案、经营业绩，以及社会信誉等方面进行综合评定，量化打分，以累计得分最高投标人为中标。

对于条件（2），我们则可以理解为以“合理最低评标价法”评标定标，它除了考虑投标价格因素外，还综合考虑质量、工期、施工组织设计、企业信誉、业绩等因素，并将这些因素应尽可能加以量化折算为一定的货币额，加权计算得到。所以可以认为“合理最低评标价法”是定量综合评议法与最低投标报价法相结合的一种方法。

（二）工程量清单计价的配套措施

工程量清单计价不是孤立的改革行动，它必须与其他改革配套实施，才能成功。

1. 推进计价依据的改革

定额伴随着科学管理的产生而产生，伴随着科学管理的发展而发展，在现代管理中一直占有重要地位，实行工程量清单计价后，定额也不会被抛弃，关键是要将定额属性由指令性向指导性过渡，积极发挥企业定额在工程量清单报价中的作用。

推行工程量清单招标投标报价，要具有配套发展的思想，应在原有定额的基础上，按“量价分离”的原则建立一套统一的计价规则，并制定全国统一的工程量计算规则、统一计量单位、统一项目划分。作为企业而言，应尽早建立起符合施工企业内部机制的施工企业定额，只有这样，才能使定额逐步实现由法定性向指导性的过渡；才能改革现行定额中工程实体性消耗与措施性消耗“合一”的现象，逐步实行两者分离；才能有利于施工企业进行新技术、新工艺、新材料的不断研究，促进技术进步，提高企业的经营管理水平，真正实现“依据工程量清单招标投标，企业自主报价，政府宏观调控，逐步推行，以工程成本加利润报价，通过市场竞争形成价格”的价格形成和运行机制。

在实物消耗量标准上。清单计价中的实物消耗量的标准，可以以现行的预算定额为依据，但是必须改变预算定额的属性，预算定额规定的实物消耗量标准不再是法令强制性的标准，而是作为指导性的参考资料。招标单位可以根据全国统一定额的实物消耗量标准来编制招标标底；投标单位可以制订本企业的实物消耗量来编制投标报价。实施这一改革后，预算定额不再是处理当事双方争端的法令性依据。

对于长期以来各地制定的单位估价表。主管部门可以制订统一的单位估价表作为计价依据，但不是法令性文件，与预算定额一样，只是提供参考的信息资料。投标单位可以根据本企业的实际水平和市场行情自主报价，并对所报单价负责。招标单位也不能把根据统一的单位估价表编制的预算造价作为标底标准来进行评标。招标单位应该逐步建立起本企业的实物量消耗标准和单价资料库。

在费用项目和费率上。主管部门可以制订统一的费用项目，并制订一定幅度的费率标准供参考，但费率标准最终由投标单位自主确定，进行竞争。统一制订的费率标准只是供参考的信息资料，不再是法令性指标。

2. 加强对工程量清单编制单位和编制人员的资质管理

工程量清单应由具有相应资质的单位进行编制。由于编制质量直接关系到标底价与投标报价的合理性与准确性，因此，对其资质的审核与年检必须严肃、认真，并应做好相关的考核、考查记录，对不合格的单位，应及时取消其资质。同时，工程量清单招投标的编制人员应具有较高的业务水平和职业道德，并应定期对其业务知识进行考核与培训，提高其执业水平，对编制质量低劣者，应及时取消其编制资格。

3. 建立工程保险和担保制度

实行投标担保和履约担保，目的是防止施工企业以不切实际的低价中标，或因无实际施工能力而无法履行合同，影响工程质量、进度、投资，从而促使施工企业在投标时量力而行。招标方必须对中标的最低标价进行详细审核，不能仅看总金额，重点是查有无漏项或计算错误，以确保最低价已包括所有工程内容，要求施工企业对报价组成的合理性予以解释，并在合同中加以说明。要推行业主支付担保制度，杜绝带资施工等现象发生，减少不必要的纠纷。要深化设计领域的改革。目前边设计边施工现象十分普遍，所以必须加大设计深度，减少业务联系单，避免不必要的设计修改，以利于控制造价，为工程量清单计价提供必要的条件。

4. 强化执业资格，充分发挥造价工程师的作用

21 世纪我国即将规范工程造价管理人员的结构，将把造价人员分为执业资格与从业资格两部分。绝大部分计量计价的任务将主要由从业人员借助电脑和电脑计量计价软件完成，造价工程师将主要从事传统的工程造价管理业务中的“造价分析、投标策略、合同谈判与处理索赔”等事务。

强制工程保险制度将为造价工程师进入工程保险界提供机会。随着改革的不断深化，不久将要在全国工程建设领域强制实行工程保险和工程担保制度。工程保险即将成为财产保险市场中与机动车辆险并驾齐驱的第二大险种，工程保险界需要大量工程保险人才。工程保险由于需要了解工程计量与工程计价的知识，才能处理好理赔事务，因此我们可以把工程保险构建在工程造价管理和风险分析基础之上。每个造价工程师都有深厚的工程计量与计价基础，在继续教育方案中，风险分析课程又是必修课之一，所以造价工程师在 21 世纪初进入工程保险界是必然趋势，这也是符合国际保险界和测量师行业惯例的。

如果取消监理工程师的执业资格地位，改为岗位职务，可以由一定资格的工程技术人员担任。造价工程师和建筑师、结构工程师以及注册建造师都是担任监理工程师的最佳人选。造价工程师充任监理工程师，他们在下列领域是有其他执业专业人士不可比拟的优势：协助业主编制标底与审核标底，分析报价；评标，定标；谈判确定合同价，安排合同文本与推敲合同协议条款；施工中支付程序的设计与审核，进度与成本关系的分析和控制；结算文件审核；合同纠纷处理，处理索赔事项。此外，造价工程师在经过几个工程项目的实践和磨炼后可以直接充当总监理工程师或为施工企业充当项目经理，全面负责工程项目的管理。

5. 规范市场环境，建立有形的建筑交易市场

要想用完备的法律法规体系来引导、推进和保障工程造价管理体制改革的顺利进行，当务之急是要抓紧制定规范市场主体、市场秩序及有利于加强宏观调控的法律，探索建立建筑市场管理交易中心的模式，使建筑市场从“无形”走向“有形”。交易活动由隐形变公开，业主、承包商和中介单位的交易活动纳入有形建筑市场，实行集中统一管理和公开、公平竞争；在项目管理上由部门分割、专业垄断向统一、开放、平等、竞争转变。总之，只要积极进行实践与探索，就能建立起规范、有序的有形建筑市场。

6. 要有一套严格的合同管理制度

通过市场竞争形成的工程造价，应以合同形式确定下来，合同约定的工程造价应受到法律保护，不得随意变化。目前我国建筑市场的合同管理还相当薄弱，违法合同还一定程度存在，一些合同得不到有效履行，市场主体的合法权益没有得到很好的维护，今后要加强合同管理工作，保证价格机制的有效运行，切实维护市场主体各方的权益。

综上所述，采用工程量清单计价，大量的法律法规以及与之配套的各项工作都有待于进一步的深入完善与发展，尤其现阶段在推行工程量清单计价方法过程中，应努力做好与招标、评标、合同管理等工作的衔接与配合。只有这样才能推动我国工程造价改革不断地向纵深发展，真正营造一个既符合国际惯例，又适合我国国情的“公开、公平、公正和诚

实信用”的市场竞争机制与市场竞争环境。

第二节　《建设工程工程量清单计价规范》概论

一、编制的目的和编制过程

为了全面推行工程量清单计价政策，2003年2月17日，建设部以第119号公告批准发布了国家标准《建设工程工程量清单计价规范》GB 50500—2003（以下简称“03规范”），自2003年7月1日起实施。“03规范”的实施，使我国工程造价从传统的以预算定额为主的计价方式向国际上通行的工程量清单计价模式转变，是我国工程造价管理政策的一项重大措施，在工程建设领域受到了广泛的关注与积极的响应。“03规范”实施以来，在各地和有关部门的工程建设中得到了有效推行，积累了宝贵的经验，取得了丰硕的成果。但在执行中，也反映出一些不足之处。因此，为了完善工程量清单计价工作，原建设部标准定额司从2006年开始，组织有关单位和专家对“03规范”的正文部分进行修订。

编制组于2006年8月完成了初稿，印发了关于征求《建设工程工程量清单计价规范》（局部修订）意见的通知：（建标造［2006］49号），之后共收到23个省市、部门及专家反馈意见330条。2006年底，编制组组织专家对反馈意见做了认真分析和论证后，完成了送审稿。

标准定额司在组织审查中，针对送审稿中的主要内容仍存在比较原则，覆盖面不全，操作性不够，特别是当时全国清理工程款拖欠，防止不正当投标报价以及工程安全等方面政策的出台，要求编制组进一步补充完善，并组织部分省市专家再次进行了论证，根据论证的结果，增加了修订的内容，修改成稿后于2007年10月10日，标准定额司发出“关于征求《建设工程工程量清单计价规范》GB 50500—2003修订稿意见的函”（建标造函［2007］70号），向全国各地及各部门征求意见。共收到14个省、市和2个专业部门的反馈意见，编制组根据反馈意见修改后，标准定额司于2007年12月召开“03规范”正文部分修订审查会，会议原则上诵讨了送审稿，提出了进一步修改的意见。编制组于2008年3月完成了报批稿，按照工程建设国家标准的修订程序和要求完成了修订工作。

2008年7月9日，历经两年多的起草、论证和多次修改，住房和城乡建设部以第63号公告，发布了《建设工程工程量清单计价规范》GB 50500—2008（以下简称“08规范”），从2008年12月1日起实施。“08规范”的出台，对巩固工程量清单计价改革的成果，进一步规范工程量清单计价行为具有十分重要的意义。

2012年12月25日，住房城乡建设部发布第1567、1568、1571、1569、1576、1575、1570、1572、1573、1574号公告，批准《建设工程工程量清单计价规范》GB 50500—2013以及《房屋建筑与装饰工程工程量计算规范》GB 50854—2013、《仿古建筑工程工程量计算规范》GB 50855—2013、《通用安装工程工程量计算规范》GB 50856—2013、《市政工程工程量计算规范》GB 50857—2013、《园林绿化工程工程量计算规范》GB 50858—2013、《矿山工程工程量计算规范》GB 50859—2013、《构筑物工程工程量计算规范》GB 50860—2013、《城市轨道交通工程工程量计算规范》GB 50861—2013、《爆破工程工程量计算规范》GB 50862—2013（以下简称“13规范”）为国家标准，自2013年7月1日起实施。

“13 规范”是以《建设工程工程量清单计价规范》GB 50500—2008 为基础，通过认真总结我国推行工程量清单计价，实施“03 规范”“08 规范”的实践经验，广泛深入征求意见，反复讨论修改而形成。当然，为规范建设工程造价计价行为、统一建设工程计价文件的编制原则和计价方法，“13 规范”也是根据《中华人民共和国建筑法》、《中华人民共和国合同法》、《中华人民共和国招标投标法》等法律法规制定的。与“03 规范”“08 规范”不同，“13 规范”是以《建设工程工程量清单计价规范》为母规范，各专业工程工程量计算规范与其配套使用的工程计价、计量标准体系。该标准体系将为深入推行工程量清单计价，建立市场形成工程造价机制奠定坚实基础，并对维护建设市场秩序，规范建设工程发承包双方的计价行为，促进建设市场健康发展发挥重要作用。

为了加大“13 规范”的宣贯力度，确保实施效果，使广大工程造价工作者和有关方面的工程技术人员深入理解和掌握该规范体系的内容，以促进规范的贯彻实施，满足建设市场计价、计量的需要，编写了《建设工程工程量清单计价规范》GB 50500—2013 以及《房屋建筑与装饰工程工程量计算规范》GB 50854—2013 等九本工程量计算规范的宣贯辅导教材。

辅导教材有助于工程造价管理专业人员准确理解和掌握该规范体系，也可供工程造价管理机构与有关单位宣贯培训使用，为发承包双方在实际工作中提供参考。

二、近几年工程建设领域与工程造价密切相关的事件及政策规定

1. 2002 年，全国人大《建筑法》执行情况检查团通过对部分省、市的检查，在向全国人大常委会的报告中指出，工程建设领域发、承包阶段较为严重的存在着“黑白”合同。造成工程价款结算争议，工程竣工结算多头审查或一审再审、以审代拖，形成久拖不结，由于工程款拖欠严重，进而造成拖欠农民工工资，引发严重的社会问题。为此，国务院决定从 2003 年起，在全国范围内开展清理拖欠工程款、清理拖欠农民工工资的活动。

2. 2003 年 10 月 15 日，建设部、财政部印发了《建筑安装工程费用项目组成》(建标［2003］206 号)，提出了措施费和规费的概念。

3. 为解决“清欠”中的法律依据问题，最高人民法院于 2004 年 9 月 29 日发布了《关于审理建设工程施工合同纠纷案件适用法律问题的解释》(法释［2004］14 号)。该解释多条涉及工程合同价款如何认定的问题，为规范工程计价行为提供了法律保障。

4. 财政部、建设部于 2004 年 10 月 20 日印发了《建设工程价款结算暂行办法》(财建［2004］369 号)，对工程建设领域涉及工程价款结算、价款支付、工程计量、工程变更与价款调整、索赔、竣工结算、工程价款审核、工程价款结算争议处理等问题作了针对性的明确规定，使规范工程计价行为有章可循。

5. 2005 年 6 月 7 日，建设部办公厅印发了《建筑工程安全防护、文明施工措施费用及使用管理规定》(建办［2005］89 号)，明确规定上述费用由《建筑安装工程费用项目组成》中的文明施工费、环境保护费，临时设施费、安全施工费组成。并规定“投标方安全防护、文明施工措施的报价，不得低于依据工程所在地工程造价管理机构测定费率计算所需费用总额的 90%”。

6. 2006 年 11 月 22 日，建设部办公厅印发了《关于开展建筑工程实物工程量与建筑工种人工成本信息测算和发布工作的通知》(建办标函［2006］765 号)，要求自 2007 年起开展建筑工程实物工程量与建筑工种人工成本信息的测算发布工作，并进一步明确了人工成本信息的作用。

7. 2006 年 12 月 8 日，财政部、国家安全生产监督管理总局印发《高危行业企业安全生产费用财务管理暂行办法》（财企［2006］478 号），规定“建筑施工企业提取的安全费用列入工程造价，在竞标时，不得删减”。

8. 2004 年，建设部标准定额司委托中国建设工程造价管理协会组织煤炭、建材、冶金、有色、化工等五个专业委员会，编制了“03 规范”附录 E“矿山工程工程量清单项目及计算规则”，建设部于 2005 年 2 月 17 日以计价规范局部修订的形式发布第 313 号公告，自 2005 年 6 月 10 日实施。2007 年 4 月，建设部又批准发布了由水利部组织编制的国家标准《水利工程工程量清单计价规范》GB 50501—2007。该工作的顺利完成，为专业工程清单项目和计算规则的编制提供了良好示范。

9. 2007 年 11 月 1 日，国家发展改革委、财政部、建设部等九部委联合颁布了第 56 号令，在发布的《标准施工招标文件》中，规定了新的通用合同条款，该合同条款对工程变更的估价原则、暂列金额、计日工、暂估价、价格调整、计量与支付、预付款、工程进度款、竣工结算、索赔、争议的解决都有明确的定义和相应的规章。一些术语名词虽与“03 规范”的名称不同，但实质意义基本一致，为统一工程造价的术语名称提供了契机。

10. 2008 年 7 月 9 日，住房城乡建设部以第 63 号公告，发布了《建设工程工程量清单计价规范》GB 50500—2008。实施以来，对规范工程实施阶段的计价行为起到了良好的作用。

11. 2009 年 6 月 5 日，标准定额司根据住房城乡建设部《关于印发〈2009 年工程建设标准规范制订修订计划〉的通知》（建标函［2009］88 号），发出《关于请承担〈建设工程工程量清单计价规范〉GB 50500—2008 修订工作任务的函》（建标造函［2009］44 号）组织有关单位全面开展“08 规范”的修订工作。

上述事件的发生及相关政策文件的出台，为“13 规范”正文部分的修订，提供了政策依据，为正文条文的设置在思想认识上的逐步统一打下了基础。

三、“08 规范”和“13 规范”正文部分的特点

（一）“08 规范”正文部分的特点

“08 规范”总结了“03 规范”实施以来的经验，并针对执行中存在的问题，对“03 规范”进行了补充修改和完善。“08 规范”与“03 规范”比较，具有以下特点。

1. “08 规范”充分总结了实行工程量清单计价的经验和取得的成果，使内容更加全面。“08 规范”与“03 规范”相比，“03 规范”主要侧重于规范工程招投标中的计价行为，而对工程实施阶段全过程中如何规范工程量清单计价行为的指导性不强。“08 规范”的内容涵盖了工程施工阶段从招投标开始到工程竣工结算办理的全过程，并增加了条文说明。包括工程量清单的编制；招标控制价和投标报价的编制；工程发、承包合同签订时对合同价款的约定；施工过程中工程量的计量与价款支付；索赔与现场签证；工程价款的调整；工程竣工后竣工结算的办理以及工程计价争议的处理等内容。

“08 规范”的条文数量由“03 规范”的 45 条增加到 137 条，增加了 92 条，其中强制性条文由 6 条增加到 15 条，增加了 9 条，基本上涵盖了工程施工阶段的全过程。并且，增加了条文说明。

“08规范”内容全面反映了在实际工程计价活动中，使工程施工过程中每个计价阶段都有“规”可依、有“章”可循，对全面规范工程造价计价行为具有重要意义。

2. “08规范”体现了工程造价计价各阶段的要求，使规范工程造价计价行为形成有机整体。工程建设的特点使得工程造价计价具有阶段性。工程建设每个阶段的计价都有其固有特性，但各个阶段之间又是相互关联的。“08规范”首先对工程造价计价的共性问题进行了规范，同时针对不同阶段的工程造价计价特点作了专门性规定，并使共性和个性有机结合。具体表现为各条文之间按照工程施工建设的顺序是承前启后，相互贯通的，整个条文形成一个规范工程造价计价行为的有机整体。

3. “08规范”充分考虑到我国建设市场的实际情况，体现了国情。“08规范”按照“政府宏观调控、企业自主报价、市场形成价格、加强市场监管”的改革思路，在发展和完善社会主义市场经济体制的要求下，对工程建设领域中施工阶段发、承包双方的计价，适宜采用市场定价的充分放开，政府监管不越位；在现阶段还需政府宏观调控的，政府监管一定不缺位，并且要切实做好。因此，“08规范”在安全文明施工费、规费等的计取上，规定了不允许竞价，在应对物价波动对工程造价的影响上，较为公平的提出了发、承包双方共担风险的规定。避免了招标人凭借工程发包中的有利地位无限制地转嫁风险的情况。同时遏制了施工企业以牺牲职工切身利益为代价作为市场竞争中降价的利益驱动。

4. “08规范”充分注意了工程建设计价的难点，条文规定更具操作性。“08规范”对工程施工建设各阶段、各步骤计价的具体做法和要求都做出了具体而详尽的规定，使条文更具操作性。“08规范”从工程造价计价的实际需要出发，增加和修订了相关的工程造价计价的具体操作条款，并完善了工程量清单计价表格，使“08规范”更贴近实际计价需要。“08规范”考虑到下一步附录的修改，将“03规范”的措施项目中的各专业工程的措施项目调整到了各专业工程的附录中。同时，从我国工程造价管理的实际出发，既考虑全国工程造价询价管理的统一性，又考虑各地方和行业计价管理的特点，允许地方和行业根据本地区、本行业工程造价计价特点，对规范中的计价表格进行补充，使“08规范”更加贴近工程造价管理的需要。

“08规范”的发布施行，有利于提高工程量清单计价改革的整体效力，有利于工程量清单计价的全面推行，更加有利于规范工程建设参与各方的计价行为，对建立公开、公平、公正的市场竞争秩序，推进和完善市场形成工程造价机制的建设中发挥重要作用，进一步推动我国工程造价改革迈上新的台阶。

（二）“13规范”正文部分的特点。

“13规范”全面总结了“03规范”实施10年来的经验，针对存在的问题，对“08规范”进行全面修订，与之比较，具有如下特点：

1. 确立了工程计价标准体系的形成

“03规范”发布以来，我国又相继发布了《建筑工程建筑面积计算规范》GB/T 50353—2005、《水利工程工程量清单计价规范》GB 50501—2007、《建设工程计价设备材料划分标准》GB/T 50531—2009，此次修订，共发布10本工程计价、计量规范，特别是9个专业工程计量规范的出台，使整个工程计价标准体系明晰了，为下一步工程计价标准的制定打下了坚实的基础。

2. 扩大了计价计量规范的适应范围

"13 规范"明确规定，"本规范适用于建设工程发承包及实施阶段的计价活动"、"13 计量规范"并规定"××工程计价，必须按本规范规定的工程量计算规则进行工程计量"。而非"08 规范"规定的"适用于工程量清单计价活动"。表明了不分何种计价方式，必须执行计价计量规范，对规范发承包双方计价行为有了统一的标准。

3. 深化了工程造价运行机制的改革

"13 规范"坚持了"政府宏观调控、企业自主报价、竞争形成价格、监管行之有效"的工程造价管理模式的改革方向。在条文设置上，使其工程计量规则标准化。工程计价行为规范化、工程造价形成市场化。

4. 强化了工程计价计量的强制性规定

"13 规范"在"08 规范"强制性条文的基础上，又在一些重要环节新增了部分强制性条文，在规范发承包双方计价行为方面得到了加强。

5. 注重了与施工合同的衔接

"13 规范"明确定义为适用于"工程施工发承包及实施阶段……"因此，在名词、术语、条文设置上尽可能与施工合同相衔接，既重视规范的指引和指导作用，又充分尊重发承包双方的意思自治，为造价管理与合同管理相统一搭建了平台。

6. 明确了工程计价风险分担的范围

"13 规范"在"08 规范"计价风险条文的基础上，根据现行法律法规的规定，进一步细化、细分了发承包阶段工程计价风险，并提出了风险的分类负担规定，为发承包双方共同应对计价风险提供了依据。

7. 完善了招标控制价制度

自"08 规范"总结了各地经验，统一了招标控制价称谓，在《招标投标法实施条例》中又对最高投标限价作了肯定。"13 规范"从编制、复核、投诉与处理对招标控制价作了详细规定。

8. 规范了不同合同形式的计量与价款交付

"13 规范"针对单价合同、总价合同给出了明确定义，指明了其在计量和合同价款中的不同之处，提出了单价合同中的总价项目和总价合同的价款支付分解及支付的解决办法。

9. 统一了合同价款调整的分类内容

"13 规范"按照形成合同价款调整的因素，归纳为 5 类 14 个方面，并明确将索赔也纳入合同价款调整的内容，每一方面均有具体的条文规定，为规范合同价款调整提供了依据。

10. 确立了施工全过程计价控制与工程量计算的原则

"13 规范"从合同约定到竣工结算的全过程均设置了可操作性的条文，体现了发承包双方应在施工全过程中管理工程造价，明确规定竣工结算应依据施工过程中的发承包双方确认的计量、计价资料办理的原则，为进一步规范竣工结算提供了依据。

11. 提供了合同价款争议解决的方法

"13 规范"将合同价款争议专列一章，根据现行法律规定立足于把争议解决在萌芽状态，为及时并有效解决施工过程中的合同价款争议，提出了不同的解决方法。

12. 增加了工程造价鉴定的专门规定

由于不同的利益诉求，一些施工合同纠纷采用仲裁、诉讼的方式解决，这时，工程造价鉴定意见就成了一些施工合同纠纷案件裁决或判决的主要依据。因此，工程造价鉴定除应按照工程计价规定外，还应符合仲裁或诉讼的相关法律规定，“13 规范”对此作了规定。

13. 细化了措施项目计价的规定

“13 规范”根据措施项目计价的特点，按照单价项目、总价项目分类列项，明确了措施项目的计价方式。

14. 增强了规范的操作性

“13 规范”尽量避免条文点到为止，增加了操作方面的规定。“13 计量规范”在项目划分上体现简明使用；项目特征既体现本项目的价值，又方便操作人员的描述；计量单位和计算规则，既方便了计量的选择，又考虑了与现行计价定额的衔接。

15. 保持了规范的先进性

此次修订增补了建筑市场新技术、新工艺、新材料的项目，删去了淘汰的项目。对土石分类重新进行了定义，实现了与现行国家标准的衔接。

四、《建设工程工程量清单计价规范》GB 50500—2013 内容简介

本规范共十六章，包括总则、术语、一般规定、工程量清单编制、招标控制价、工程计价表格等内容，分别就“13 规范”的适用范围、遵循的原则、编制工程量清单应遵循的规则、工程量清单计价活动的规则、工程量清单计价表格作了明确规定。

1. 总则

总则共计 7 条，规定了本规范制定的目的和法律依据、适用范围、组成内容、从事建设工程计价活动的主体、工程造价成果文件的责任主体、从事建设工程计价活动应遵循的原则及本规范与其他标准的关系。

（1）“为规范建设工程造价计价行为，统一建设工程计价文件的编制原则和计价方法，根据《中华人民共和国建筑法》、《中华人民共和国合同法》、《中华人民共和国招标投标法》等法律法规，制定本规范”，是制定本规范的目的和法律依据。

制定本规范的目的是“规范建设工程造价计价行为，统一建设工程工程量清单的编制原则和计价方法”，与“08 规范”相比，将“工程量清单”改为“计价文件”，其目的正如本规范定义的“不采用工程量清单计价的建设工程，应执行本规范除工程量清单等专门性规定外的其他规定”。例如合同价款约定、工程计量与价款支付、索赔与现场签证、合同价款调整、竣工结算、合同价款争议的解决等条款。

（2）“本规范适用于建设工程发承包及实施阶段的计价活动”，规定了本规范的适用范围。

本条所指的建设工程包括：房屋建筑与装饰工程、仿古建筑工程、安装工程、市政工程、园林绿化工程、矿山工程、构筑物工程、城市轨道交通工程、爆破工程等。

本条将“08 规范”中“建设工程工程量清单计价活动”修改为“建设工程发承包及实施阶段的计价活动”。本条所指的建设工程发承包及实施阶段的计价活动包括：工程量清单编制、招标控制价编制、投标报价编制、工程合同价款的约定、工程施工过程中工程计量与工程价款的支付、索赔与现场签证、合同价款的调整和竣工结算的办理和合同价款争议的解决及工程造价鉴定等活动，涵盖了工程建设发承包以及施工阶段的整个过程。

（3）“建设工程发承包及实施阶段的工程造价应由分部分项工程费、措施项目费、其他项目费、规费和税金组成”，规定了工程造价的组成内容。

本规范与“08 规范”相比，将“采用工程量清单计价”修改为“建设工程发承包及实施阶段”，在此阶段进行计价活动，不论采用何种计价方式，建设工程造价均可划分为由分部分项工程费、措施项目费、其他项目费、规费和税金五部分组成，又称建筑安装工程费，见图 1-1。

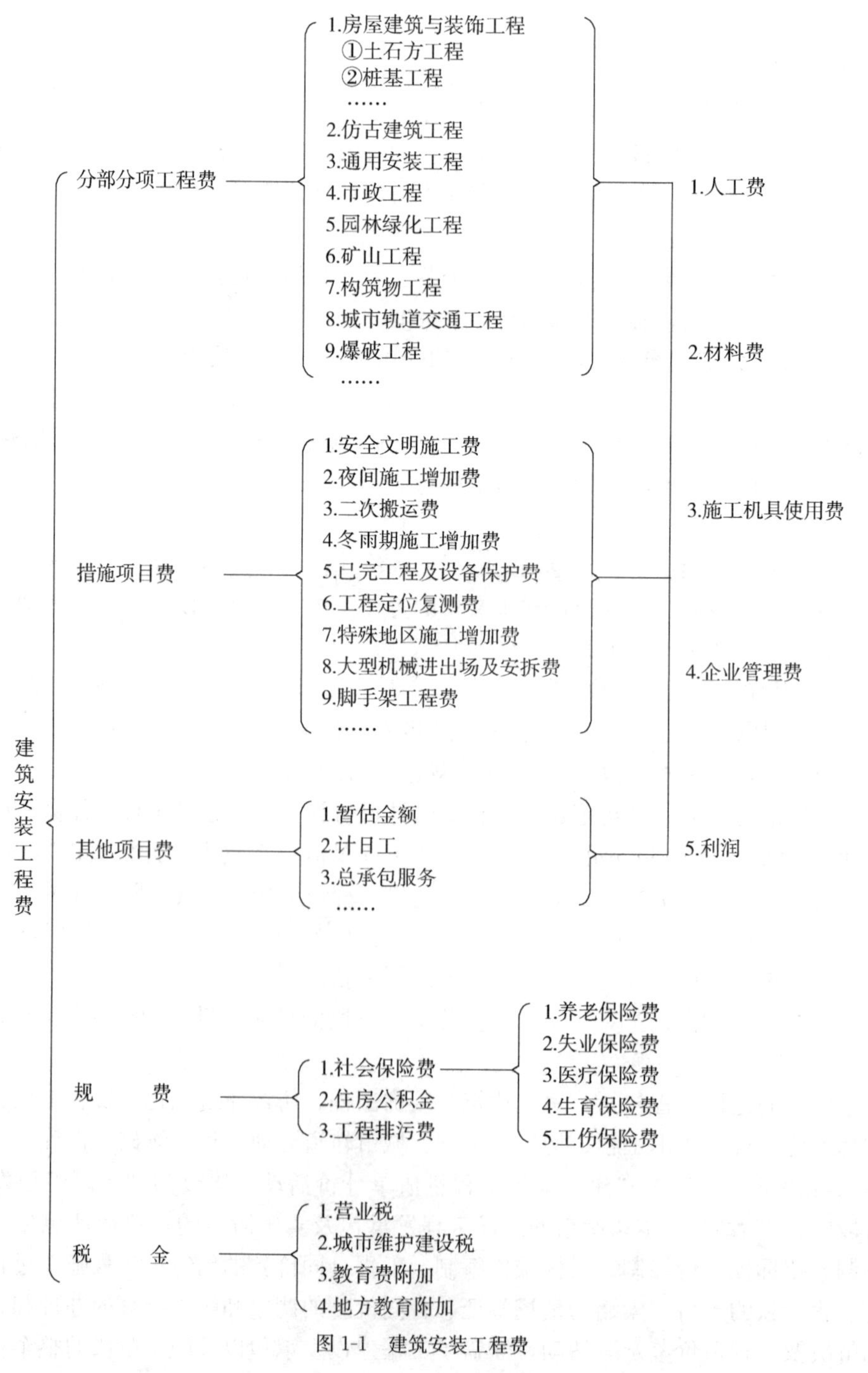

图 1-1　建筑安装工程费

(4)“招标工程量清单、招标控制价、投标报价、工程计量、合同价款调整、合同价款结算与支付以及工程造价鉴定等工程造价文件的编制与核对，应由具有专业资格的工程造价人员承担”，规定了从事建设工程工程量清单计价活动的主体。

与“08 规范”相比，增加了“工程计量、合同价款调整、工程造价鉴定等”。根据国家对工程造价人员实行职业资格管理制度的要求，作出了这一规定。

人事部、建设部“关于印发《造价工程师执业制度暂行规定》的通知”（人发［1996］77 号）规定，在建设工程计价活动中，工程造价人员实行执业资格制度。按照《注册造价工程师管理办法》（建设部第 150 号令）第十八条的规定，注册造价工程师应当在本人承担的工程造价成果文件上签字并盖章；《全国建设工程造价人员管理暂行办法》（中价协［2011］021 号）第二十一条规定，造价员应在本人完成的工程造价业务文件上签字、加盖从业印章，并承担相应的责任。

根据上述规定，在工程造价计价活动中，招标工程量清单、招标控制价、投标报价、工程计量、合同价款调整、合同价款结算以及工程造价鉴定等所有的工程造价文件的编制与核对，均应由具有相应资格的工程造价专业人员承担。

(5)“承担工程造价文件的编制与核对的工程造价人员及其所在单位，应对工程造价文件的质量负责”，规定了工程造价成果文件的责任主体。

本条是新增条文，明确了工程造价成果文件编制与核对人及其所在单位应对工程造价成果文件的质量负责。

(6)“建设工程发承包及实施阶段的计价活动应遵循客观、公正、公平的原则”，规定了从事建设工程计价活动应遵循的原则。

本条体现的是对建设工程计价活动的最基本要求。

建设工程计价活动的结果既是工程建设投资的价值表现，同时又是工程建设交易活动的价值表现。因此，建设工程造价计价活动不仅要客观反映工程建设的投资，更应体现工程建设交易活动的公正、公平的原则。工程建设双方，包括受委托的工程造价咨询方均应以诚实、信用、公正、公平的原则进行工程建设计价活动。

(7)“建设工程发承包及实施阶段的计价活动，除应符合本规范外，尚应符合国家现行有关标准的规定”，规定了从本规范与其他标准的关系。

工程量清单计价活动是政策性、经济性、技术性很强的一项工作，涉及国家的法律、法规和标准规范比较广泛。所以，规范提出建设工程发承包及实施阶段的计价活动，除遵循本规范外，还应符合国家有关标准的规定。主要指：《建筑法》、《合同法》、《价格法》、《招标投标法》及住房和城乡建设部 2013 年 12 月 11 日发布的《建筑工程施工发包与承包计价管理办法》以及直接涉及工程造价的工程质量、安全及环境保护等方面的工程建设强制性标准规范。

2. 术语

(1) 工程量清单

“工程量清单”是建设工程实行清单计价的专用名词，载明建设工程分部分项工程项目、措施项目、其他项目的名称和相应数量以及规费、税金项目等内容的明细清单。在“08 规范”的基础上作了适当的调整，使其定义更为准确。在建设工程发承包及实施过程的不同阶段，又可分别称为“招标工程量清单”、“已标价工程量清单”等。

（2）招标工程量清单

招标人依据国家标准、招标文件、设计文件以及施工现场实际情况编制的，随招标文件发布供投标报价的工程量清单，包括其说明和表格。

“招标工程量清单”是新增名词，是招标阶段供投标人报价的工程量清单，是对工程量清单的进一步具体化。

（3）已标价工程量清单

构成合同文件组成部分的投标文件中已标明价格，经算术性错误修正（如有）且承包人已确认的工程量清单，包括其说明和表格。

“已标价工程量清单”是新增名词，表示的是投标人对招标工程量清单已表明价格，并被招标人接受，构成合同文件组成部分的工程量清单。

（4）分部分项工程

分部工程是单项或单位工程的组成部分，是按结构部位、路段长度及施工特点或施工任务将单项或单位工程划分为若干分部的工程；分项工程是分部工程的组成部分，是按不同施工方法、材料、工序及路段长度等将分部工程划分为若干个分项或项目的工程。

“分部分项工程”是新增名词。

（5）措施项目

为完成工程项目施工，发生于该工程施工准备和施工过程中技术、生活、安全、环境保护等方面的项目。是相对于分部分项工程项目而言，对实际施工中为完成合同工程项目所必须发生的施工准备和施工过程中技术、生活、安全、环境保护等方面的项目的总称。

（6）项目编码

分部分项工程和措施项目清单名称的阿拉伯数字标识。

本条依据新的相关国家计量规范对“项目编码”重新进行了定义，由于新的相关工程国家计量规范不只是对分部分项工程，同时对措施项目名称页进行了编码，使其更加完善，以方便使用，因此，新的定义增加了措施项目。

与“08规范”保持一致，采用十二位阿拉伯数字表示。一至九位为统一编码，其中，一、二位为相关工程国家计量规范代码，三、四位为专业工程顺序码，五、六位为分部工程顺序码，七、八、九位为分项工程项目名称顺序码，十至十二位为清单项目名称顺序码。

（7）项目特征

构成分部分项工程项目、措施项目自身价值的本质特征。

本规范更加准确地规范工程量清单计价中对分部分项工程项目、措施项目的特征描述的要求，便于准确的组建综合单价。

（8）综合单价

完成一个规定清单项目所需的人工费、材料和工程设备费、施工机具使用费和企业管理费、利润以及一定范围内的风险费用。

本条对“综合单价”定义作了修改。与“08规范”相比，变化如下：

一是将“完成一个规定计量单位的分部分项工程量清单项目或措施项目”表述为“完成一个规定清单项目”，更为准确，如措施项目中的安全文明施工费、夜间施工费等总价项目；其他项目中的总承包服务费等无量可计，但总价的构成与综合单价是一致的，这样规定，更为清晰；二是增加了工程设备费。

该定义仍然是一种狭义上的综合单价，规费和税金等并不包括在项目单价中。国际上所谓的综合单价，一般是指包括全部费用的综合单价，在我国目前建筑市场存在过度竞争的情况下，保障税金和规费等为不可竞争的费用仍是有必要。随着我国社会主义市场经济体制的进一步完善，社会保障机制的进一步健全，实行全费用的综合单价也将只是时间的问题。这一定义，与国家发改委、财政部、建设部等九部委联合颁布的第 56 号令中的综合单价的定义是一致的。

（9）风险费用

隐含于已标价工程量清单综合单价中，用于化解发承包双方在工程合同中约定内容和范围内的市场价格波动风险的费用。

（10）工程成本

承包人为实施合同工程并达到质量标准，在确保安全施工的前提下，必须消耗或使用的人工、材料、工程设备、施工机械台班及其管理等方面发生的费用和按规定缴纳的规费和税金。

“工程成本 ”是新增名词。工程建设的目标是承包人按照设计、施工验收规范和有关强制性标准，依据合同约定进行施工，完成合同工程并到达合同约定的质量标准。为实现这一目标，承包人在确保安全施工的前提下，必须消耗或使用相应的人工、材料和工程设备、施工机械台班并为其施工管理所发生的费用按照法律法规规定缴纳的规费和税金，构成承包人施工完成合同工程的工程成本。

（11）单价合同

发承包双方约定以工程量清单及其综合单价进行合同价款计算、调整和确认的建设工程施工合同。

“单价合同 ”是新增名词。实行工程量清单计价的工程，一般应采用单价合同方式，及合同中的工程量清单项目综合单价在合同约定的条件内固定不变，超过合同约定条件时，依据合同约定进行调整；工程量清单项目及工程量依据承包人实际完成且应计量的工程量确定。

（12）总价合同

发承包双方约定以施工图及其预算和有关条件进行合同价款计算、调整和确认的建设工程施工合同。

“总价合同 ”是新增名词，是以施工图纸为基础，在工程任务内容明确，发包人的要求条件清楚，计价依据确定的条件下，发承包双方依据承包人编制的施工图预算商谈确定合同价款。当合同约定工程施工内容和有关条件不发生变化时，发包人付给承包人的合同价款总额就不发生变化。当合同约定工程施工内容和有关条件发生变化时，发承包双方根据变化情况和合同约定调整合同价款，但对工程量变化引起的合同价款调整应遵循以下原则：

1）若合同价款是依据承包人根据施工图自行计算的工程量确定时，除工程变更造成的工程量变化外，合同约定的工程量是承包人完成的最终工程量，发承包双方不能以工程量变化作为合同价款调整的依据；

2）若合同价款是依据发包人提供的工程量清单确定时，发承包双方应依据承包人最终实际完成的工程量（包括工程变更、工程量清单错、漏）调整确定合同价款。

（13）成本加酬金合同

发承包双方约定以施工工程成本再加合同约定酬金进行合同价款计算、调整和确认的建设工程施工合同。

“成本加酬金合同”是新增名词，是承包人不承担任何价格变化和工程量变化的风险的合同，不利于发包人对工程造价的控制。通常在下列情况下，方选择成本加酬金合同：

1）工程特别复杂，工程技术、结构方案不能预先确定，或者尽管可以确定工程技术和结构方案。但不可能进行竞争性的招标活动并以总价合同或单价合同的形式确定承包人；

2）时间特别紧迫，来不及进行详细的计划和商谈，如抢险、救灾工程。

成本加酬金合同有多种形式，主要有成本加固定费用合同、成本加固定比例费用合同、成本加奖金合同。

（14）工程造价信息

工程造价管理机构根据调查和测算发布的建设工程人工、材料、工程设备、施工机械台班的价格信息，以及各类工程的造价指数、指标。

“工程造价信息”是新增名词。工程造价中的价格信息是国有资金投资项目编制招标控制价的依据之一，是物价变化调整价格的基础，也是投标人进行投标报价的参考。

（15）工程造价指数

反映一定时期的工程造价相对于某一固定时期的工程造价变化程度的比值或比率。包括按单位或单项工程划分的造价指数，按工程造价构成要素划分的人工、材料、机械等价格指数。

“工程造价指数”是新增名词，是反映一定时期价格变化对工程造价影响程度的一种指标，是调整工程造价价差的依据之一。

（16）工程变更

合同工程实施过程中由发包人提出或由承包人提出经发包人批准的合同工程任何一项工作的增、减、取消或施工工艺、顺序、时间的改变；设计图纸的修改；施工条件的改变；招标工程量清单的错、漏从而引起合同条件的改变或工程量的增减变化。

“工程变更”是新增名词，建设工程合同是基于合同签订时静态的发承包范围、设计标准、施工条件为前提的，由于工程建设的不确定性，这种静态前提往往会被各种变更所打破。在合同工程实施过程中，工程变更可分为设计图纸发生修改；招标工程量清单存在错、漏；对施工工艺、顺序和时间的改变；为完成合同工程所需要追加的额外工作等。

（17）工程量偏差

承包人按照合同工程的图纸（含经发包人批准由承包人提供的图纸）实施，按照现行国家计量规范规定的工程量计算规则计算得到的完成合同工程项目应予计量的工程量与相应的招标工程量清单项目列出的工程量之间出现的量差。

“工程量偏差 ”是新增名词，是由于招标工程量清单出现疏漏，或合同履行过程中，出现设计变更、施工条件变化等影响，按照相关工程现行国家计量规范规定的工程量计算规则计算的应予计量的工程量与相应的招标工程量清单项目的工程量之间的差额。

（18）暂列金额

招标人在工程量清单中暂定并包括在合同价款中的一笔款项。用于工程合同签订时尚未确定或者不可预见的所需材料、工程设备、服务的采购，施工中可能发生的工程变更、合同约定调整因素出现时的合同价款调整以及发生的索赔、现场签证确认等的费用。

“暂列金额”与“08规范”的定义是一致的，包括以下含义：

1）暂列金额的性质：包括在合同价之内，但并不直接属承包人所有，而是由发包人暂定并掌握使用的一笔款项。

2）暂列金额的用途：由发包人用于在施工合同协议签订时，尚未确定或者不可预见的在施工过程中所需材料、设备、服务的采购，以及施工过程中合同约定的各种工程价款调整因素出现时的工程价款调整以及索赔、现场签证确认的费用。

（19）暂估价

招标人在工程量清单中提供的用于支付必然发生但暂时不能确定价格的材料、工程设备的单价以及专业工程的金额。

“暂估价”是在招标阶段预见肯定要发生，只是因为标准不明确或者需要由专业承包人完成，暂时又无法确定具体价格时采用的一种价格形式。采用这一种价格形式，既与国家发展改革委、财政部、建设部等九部委第56号令发布的施工合同通用条款中的定义一致，同时又对施工招标阶段中一些无法确定价格的材料（设备）或专业工程分包提出了具有操作性的解决办法。

（20）计日工

在施工过程中，承包人完成发包人提出的工程合同范围以外的零星项目或工作，按合同中约定的单价计价的一种方式。

与“08规范”相比，本规范将“发包人提出的施工图纸以外的零星项目或工作”修改为“发包人提出的工程合同范围以外的零星项目或工作”，这样修改，更为清晰和全面。

“计日工”是指对零星项目或工作采取的一种计价方式，包括完成该项作业的人工、材料、施工机械台班。计日工的单价由投标人通过投标报价确定，计日工的数量按完成发包人发出的计日工指令的数量确定。

（21）总承包服务费

总承包人为配合协调发包人进行的专业工程发包，对发包人自行采购的材料、工程设备等进行保管以及施工现场管理、竣工资料汇总整理等服务所需的费用。

“08规范”相比，本规范对文字作了适当调整，更加明确、具体。主要包括以下含义：

1）总承包服务费的性质：是在工程建设的施工阶段实行施工总承包时，由发包人支付给总承包人的一笔费用。承包人进行的专业分包或劳务分包不在此列。

2）总承包服务费的用途：①当招标人在法律、法规允许的范围内对专业工程进行发包，要求总承包人协调服务；②发包人自行采购供应部分材料、工程设备时，要求总承包人提供保管等相关服务；③总承包人对施工现场进行协调和统一管理、对竣工资料进行统一汇总整理等所需的费用。

（22）安全文明施工费

在合同履行过程中，承包人按照国家法律、法规、标准等规定，为保证安全施工、文明施工，保护现场内外环境和搭拆临时设施等所采用的措施而发生的费用。

“安全文明施工费 ”是新增名词，是按照原建设部办公厅印发的《建筑工程安全防护、文明施工措施费及使用管理规定》，将环境保护、文明施工费、安全施工费、临时设施费统一在一起的命名。

（23）索赔

在工程合同履行过程中，合同当事人一方因非己方的原因而遭受损失，按合同约定或法律法规规定应由对方承担责任，从而向对方提出补偿的要求。

“索赔”新增了“按合同约定或法律法规规定应由对方承担责任”的内容，使该定义更为完善。《中华人民共和国民法通则》第一百一十一条规定：当事人一方不履行合同义务或者履行合同义务不符合合同条件的，另一方有权要求履行或者采取补救措施，并有权要求赔偿损失。这即是“索赔”的法律依据。本条的“索赔”是专指工程建设的施工过程中发、承包双方在履行承发包合同时，对于非自己过错的责任事件并造成损失时，依据合同约定或法律法规规定向对方提出经济补偿和（或）工期顺延要求的行为。

（24）现场签证

发包人现场代表（或其授权的监理人、工程造价咨询人）与承包人现场代表就施工过程中涉及的责任事件所作的签认证明。

“现场签证”是专指在工程建设的施工过程中，发、承包双方的现场代表（或其委托人）就涉及的责任事件作出的书面签字确认凭证。有的又称工程签证、施工签证、技术核定单等。

（25）提前竣工（赶工）费

承包人应发包人的要求而采取加快工程进度措施，使合同工程工期缩短，由此产生的应由发包人支付的费用。

“提前竣工（赶工）费”是新增名词，是对发包人要求缩短相应工程定额工期，或要求合同工程工期缩短产生的应由发包人给予承包人一定的补偿支付的费用。

（26）误期赔偿费

承包人未按照合同工程的计划进度施工，导致实际工期超过合同工期（包括经发包人批准的延长工期），承包人应向发包人赔偿损失的费用。

“误期赔偿费”是新增名词，是对承包人未履行合同义务，导致实际工期超过合同工期，向发包人赔偿的费用。

（27）不可抗力

发承包双方在工程合同签订时不能预见的，对其发生的后果不能避免，并且不能克服的自然灾害和社会性突发事件。

“不可抗力”是新增名词，指自然灾害和社会性突发事件的发生必然对工程建设造成损失，但这种事件的发生是发承包双方谁都不能预见、克服的，其对工程建设的损失也是不可避免的。

不可抗力包括战争、骚乱、暴动、社会性突发事件和非发承包双方责任或原因造成的罢工、停工、爆炸、火灾等，以及大风、暴雨、大雪、洪水、地震等自然灾害。自然灾害等发生后是否构成不可抗力事件应依据当地有关行政主管部门的规定或在合同中约定。

（28）工程设备

指构成或计划构成永久工程一部分的机电设备、金属结构设备、仪器装置及其他类似的设备和装置。

“工程设备”是新增名词，采用《标准施工招标文件》（国家发展和改革委员会等9部委第56令）中通用合同条款的定义，包括现行国家标准《建设工程计价设备材料划分标准》GB/T 50531—2009定义的建筑设备。

（29）缺陷责任期

指承包人对已交付使用的合同工程承担合同约定的缺陷修复责任的期限。

“缺陷责任期”是新增名词，根据建设部、财政部印发的《建设工程质量保证金管理暂行办法》第二条第二、三款规定“缺陷是指建设工程质量不符合工程建设强制性标准、设计文件，以及承包合同的约定。缺陷责任期一般为六个月、十二个月或二十四个月，具体可由发承包双方在合同中约定”。

（30）质量保证金

发承包双方在工程合同中约定，从应付合同价款中预留，用以保证承包人在缺陷责任期内履行缺陷修复义务的金额。

“质量保证金”是新增名词，根据建设部、财政部印发的《建设工程质量保证金管理暂行办法》第二条第一款规定“建设工程质量保证金（保修金）是指发包人与承包人在建设工程承包合同中约定，从应付的工程款中预留，用以保证承包人在缺陷责任期内对建设工程出现的缺陷进行维修的资金”。

（31）费用

承包人为履行合同所发生或将要发生的所有合理开支，包括管理费和应分摊的其他费用，但不包括利润。

“费用”是新增名词，在索赔中经常使用。

（32）利润

承包人完成合同工程获得的盈利。

“利润”是新增名词。

（33）企业定额

施工企业根据本企业的施工技术、机械装备和管理水平而编制的人工、材料和施工机械台班等的消耗标准。

企业定额是一个广义概念，本条的“企业定额”是专指施工企业的施工定额。它是施工企业根据本企业具有的管理水平、拥有的施工技术和施工机械装备水平而编制的，完成一个规定计量单位的工程项目所需的人工、材料、施工机械台班等的消耗标准，是施工企业内部编制施工预算、进行施工管理的重要标准，也是施工企业对招标工程进行投标报价的重要依据。

（34）规费

根据国家法律、法规规定，由省级政府或省级有关权力部门规定施工企业必须缴纳的，应计入建筑安装工程造价的费用。

与“08规范”相比，本规范增加了“根据国家法律、法规规定”和“施工企业必须缴纳”，使之更加明确。规费是由施工企业根据省级政府或省级有关权力部门的规定进行缴纳，但在工程建设项目施工中的计取标准和办法由国家及省级建设行政主管部门依据省级政府或省级有关权力部门的相关规定制定。

（35）税金

国家税法规定的应计入建筑安装工程造价内的营业税、城市维护建设税、教育费附加和地方教育附加。

“税金”是国家为了实现本身的职能，按照税法预先规定的标准，强制地、无偿地取得财政收入的一种形式，是国家参与国民收入分配和再分配的工具。与“08规范”相比，本规范增加了“地方教育附加”。

（36）发包人

具有工程发包主体资格和支付工程价款能力的当事人以及取得该当事人资格的合法继承人，本规范有时又称招标人。

（37）承包人

被发包人接受的具有工程施工承包主体资格的当事人以及取得该当事人资格的合法继承人，本规范有时又称投标人。

（38）工程造价咨询人

取得工程造价咨询资质等级证书，接受委托从事建设工程造价咨询活动的当事人以及取得该当事人资格的合法继承人。

“工程造价咨询人”是指专门从事工程造价咨询服务的中介机构，中介机构应依法取得工程造价咨询企业资质方能成为工程造价咨询人，并只能在其资质等级许可的范围内从事工程造价咨询活动。

（39）造价工程师

取得造价工程师注册证书，在一个单位注册、从事建设工程造价活动的专业人员。

（40）造价员

取得全国建设工程造价员资格证书，在一个单位注册、从事建设工程造价活动的专业人员。

造价工程师和造价员都是从事建设工程造价业务活动的专业技术人员，统称造价人员。

我国对工程造价人员实行的是执业资格管理制度。造价工程师职业资格制度属于国家统一规划的专业技术执业资格制度范围。造价工程师必须经国家统一考试合格，取得造价工程师执业资格证书，并在一个单位注册方能从事建设工程造价业务活动。建设行政主管部门对造价工程师按照《注册造价工程师管理办法》（建设部第150号令）进行管理。

造价员是按照中国建设工程造价管理协会印发的《全国建设工程造价员管理办法》（中价协会［2011］021\号）的规定，通过考试取得全国建设工程造价员资格证书并在一个单位登记方能从事工程造价业务的人员。

（41）单项价目

工程量清单中以单价计价的项目，即根据合同工程图纸（含设计变更）和相关工程现行国家计量规范规定的工程量计算规则进行计量，与已标价工程量清单相应综合单价进行价款计算的项目。

“单项价目”是新增名词，指工程量清单中以工程数量乘以综合单价计价的项目，如现行国家计量规范的分部分项工程项目、可以计算工程量的措施项目。

（42）总价项目

工程量清单中以总价计价的项目，即此类项目在相关工程现行国家计量规范中无工程量计算规则，以总价（或计算基础乘费率）计算的项目。

“总价项目”是新增名词，此类项目在现行国家计量规范中无工程量计算规则，不能计算工程量，如安全文明施工费、夜间施工增加费，以及总承包服务费、规费等。

（43）工程计量

发承包双方根据合同约定，对承包人完成合同工程的数量进行的计算和确认。

“工程计量 ”是新增名词，正确的计量是支付的前提。

（44）工程结算

发承包双方根据合同约定，对合同工程在实施中、终止时、已完工后进行的合同价款计算、调整和确认。包括期中结算、终止结算、竣工结算。

“工程结算”是新增名词，根据不同的阶段，又可分为期中结算、终止结算和竣工结算。

（45）招标控制价

招标人根据国家或省级、行业建设主管部门颁发的有关计价依据和办法，以及拟定的招标文件和招标工程量清单，结合工程具体情况编制的招标工程的最高投标限价。

与“08规范”相比，本规范增加“拟定的招标文件和招标工程量清单，结合工程具体情况编制”，删去了“设计施工图纸计算的”，使其与招标工程量清单项区分，更加清晰。其作用是招标人用于招标工程发包规定的最高投标限价。

（46）投标价

投标人投标时响应招标文件要求所报出的对已标价工程量清单汇总后标明的总价。

投标价是在工程采用招标发包的过程中，由招标人按照招标文件的要求和招标工程量清单，根据工程特点，并结合自身的施工技术、装备和管理水平，依据有关计价规定自主确定的工程造价，是投标人希望达成工程承包交易的期望价格，它不能高于招标人设定的最高投标限价，即招标控制价。

（47）签约合同价（合同价款）

发承包双方在工程合同中约定的工程造价，即包括了分部分项工程费、措施项目费、其他项目费、规费和税金的合同总金额。

（48）预付款

在开工前，发包人按照合同约定，预先支付给承包人用于购买合同工程施工所需的材料、工程设备，以及组织施工机械和人员进场等的款项。

“预付款”是新增名词。

（49）进度款

在合同工程施工过程中，发包人按照合同约定对付款周期内承包人完成的合同价款给予支付的款项，也是合同价款期中结算支付。

“进度款”是新增名词。

（50）合同价款调整

在合同价款调整因素出现后，发承包双方根据合同约定，对合同价款进行变动的提出、计算和确认。

“合同价款调整”是新增名词。合同工程施工的理想状态，是合同价款无须任何调整，但建筑施工生产的特点决定了这样的理想状态少之又少，由于合同条件的改变，在施工过程中，出现合同约定的价款调整因素，发承包均可提出对其合同价款进行变动，经发承包双方确认后进行调整。

（51）竣工结算价

发承包双方依据国家有关法律、法规和标准规定，按照合同约定确定的，包括在履行合同过程中按合同约定进行的合同价款调整，是承包人按合同约定完成了全部承包工作后，发包人应付给承包人的合同总金额。

工程建设项目从决策到竣工交付使用，都有一个较长的建设期。在整个建设期内，构成工程造价的任何因素发生变化都必然会影响工程造价的变动，不能以此确定可靠的价格，要到竣工结算后才能最终确定工程造价，因此需对建设程序的各个阶段进行计价，以保证工程造价确定和控制的科学性。工程造价的多次性计价反映了不同的计价主体对工程造价的逐步深化、逐步细化、逐步接近和最终确定工程造价的过程。

（52）工程造价鉴定

工程造价咨询人接受人民法院、仲裁机关委托，对施工合同纠纷案件中的工程造价争议，运用专门知识进行鉴别、判断和评定，并提供鉴定意见的活动。也称为工程造价司法鉴定。

“工程造价鉴定”是新增名词。在社会主义市场经济条件下，发承包双方在履行施工合同中，仍有一些施工合同纠纷采用仲裁、诉讼的方式解决。因此，工程造价鉴定在一些施工合同纠纷案件处理章就成了裁决、判决的主要依据。

工程造价咨询人接受人民法院、仲裁机关委托，对施工合同纠纷案件中的工程造价争议进行的鉴别、判断和评定。

3. 工程量清单编制见下一节。

4. 工程量清单计价见下一节。

5. 工程计价表格

（1）计价表格组成

1）封面：

与“08规范”相比，增加了工程量清单、招标控制价、投标总价、竣工结算书、工程造价鉴定意见书5中计价文件的封面样式。

① 招标工程量清单封面，见表1-1。

② 招标控制价封面，见表1-2。

③ 投标总价封面，见表1-3。

④ 竣工结算书封面，见表1-4。

⑤ 工程造价鉴定意见书封面，见表1-5。

招标工程量清单封面　　表 1-1

______________________工程

招标工程量清单

招　标　人：______________________
（单位盖章）

造价咨询人：______________________
（单位盖章）

年　　月　　日

招标控制价封面　　表 1-2

______________________工程

招标控制价

招　标　人：______________________
（单位盖章）

造价咨询人：______________________
（单位盖章）

年　　月　　日

投标总价封面　　表 1-3

______________________工程

投标总价

招　标　人：______________________
（单位盖章）

年　　月　　日

竣工结算书封面 **表 1-4**

____工程

竣工结算书

发　包　人：______________________________
（单位盖章）

承　包　人：______________________________
（单位盖章）

造价咨询人：______________________________
（单位盖章）

年　　月　　日

工程造价鉴定意见书封面 **表 1-5**

____工程

编号：××× [2×××] ××号

工程造价鉴定意见书

造价咨询人：______________________________
（单位盖章）

年　　月　　日

2）工程计价扉文件页

① 招标工程量清单扉页，见表 1-6、表 1-7。

② 招标控制价扉页，见表 1-8、表 1-9。

③ 投标总价扉页，见表 1-10。

④ 竣工结算总价扉页，见表1-11、表1-12。

⑤ 工程造价鉴定意见书扉页，见表1-13。

招标工程量清单扉页 **表1-6**

××中学教学楼工程

招标工程量清单

招　标　人：××中学（单位盖章）

法定代表人或其授权人：××（签字或盖章）

编　制　人：×××（造价人员签字盖专用章）

复　核　人：×××（造价工程师签字盖专用章）

编 制 时 间：××××年×月×日

复 核 时 间：××××年×月×日

注：此为招标人自行编制招标工程量清单扉页。

招标工程量清单扉页 **表1-7**

××中学教学楼工程

工程量清单

招　标　人：××中学（单位盖章）

工程造价咨询人：××工程造价咨询企业（单位资质专用章）

法定代表人或其授权人：××中学 ×××（签字或盖章）

法定代表人或其授权人：××工程造价咨询企业（签字或盖章）

编　制　人：×××（造价人员签字盖专用章）

复　核　人：×××（造价工程师签字盖专用章）

编 制 时 间：××××年×月×日

复 核 时 间：××××年×月×日

注：此为招标人委托工程造价咨询人编制招标工程量清单扉页。

招标控制价扉页 **表 1-8**

××中学教学楼工程

招标控制价

招标控制价(小写)：______________

(大写)：______________

招 标 人：××中学（单位盖章）

法定代表人或其授权人：××中学（签字或盖章）

编 制 人：×××（造价人员签字盖专用章）

复 核 人：×××（造价工程师签字盖专用章）

编制时间：××××年×月×日

复核时间：××××年×月×日

注：此为招标人自行编制招标控制价的扉页。

招标控制价扉页 **表 1-9**

××中学教学楼工程

招标控制价

招标控制价(小写)：______________

(大写)：______________

招 标 人：××中学（单位盖章）

工程造价咨询人：××工程造价咨询企业（单位资质专用章）

法定代表人或其授权人：××中学 ×××（签字或盖章）

法定代表人或其授权人：××工程造价咨询企业（签字或盖章）

编 制 人：×××（造价人员签字盖专用章）

复 核 人：×××（造价工程师签字盖专用章）

编制时间：××××年×月×日

复核时间：××××年×月×日

注：此为招标人委托工程造价咨询人编制招标控制价的扉页。

投标总价扉页

表 1-10

招 标 人：××中学

工 程 名 称：××中学教学楼工程

招标总价(小写)：

(大写)：

投 标 人：××建筑公司
(单位盖章)

法定代表人
或其授权人：××中学
(签字或盖章)

编 制 人：×××
(造价人员签字盖专用章)

时 间：××××年×月×日

竣工结算总价扉页

表 1-11

××中学教学楼工程

竣工结算总价

中标价（小写）：　　（大写）：

结算价（小写）：　　（大写）：

发 包 人：××中学
(单位盖章)

承包人：××建筑公司
(单位盖章)

法定代表人
或其授权人：××中学
×××
(签字或盖章)

法定代表人
或其授权人：××建筑公司
×××
(签字或盖章)

编 制 人：×××
(造价人员签字盖专用章)

核 对 人：×××
(造价工程师签字盖专用章)

编制时间：××××年×月×日

复核时间：××××年×月×日

注：此为承包人自行编制发包人自行核对竣工结算扉页。

竣工结算总价扉页

表 1-12

××中学教学楼 工程

竣工结算总价

中标价（小写）：__________ （大写）：__________

结算价（小写）：__________ （大写）：__________

发 包 人：××中学（单位盖章）　　承包人：××建筑公司（单位盖章）　　造价咨询人：××工程造价企业（单位资质专用章）

法定代表人或其授权人：××中学 ×××（签字或盖章）　　法定代表人或其授权人：××建筑公司 ×××（签字或盖章）　　法定代表人或其授权人：××工程造价企业 ×××（签字或盖章）

编 制 人：×××（造价人员签字盖专用章）　　核 对 人：×××（造价工程师签字盖专用章）

编 制 时 间：××××年×月×日　　复 核 时 间：××××年×月×日

注：此为承包人自行编制发包人委托工程造价咨询人核对的竣工结算扉页。

工程造价鉴定意见书扉页

表 1-13

__________工程

工程造价鉴定意见书

鉴定结论：

造价咨询人：__________（单位盖章及资质专用章）

法定代表人：__________（签字或盖章）

造价工程师：__________（签字盖专用章）

年 月 日

3）工程计价总说明：

①工程量清单，总说明的内容应包括（表 1-14）：

a. 工程概况：如建设地址、建设规模、工程特征、交通状况、环保要求等；

b. 工程发包、分包范围；

c. 工程量清单编制依据：如采用的标准、施工图纸、标准图集等；

d. 使用材料设备、施工的特殊要求等；

e. 其他需要说明的问题。

总　说　明　　**表 1-14**

工程名称：　　第 1 页　共 1 页

② 招标控制价，总说明的内容应包括（表 1-15）：

a. 采用的计价依据；

b. 采用的施工组织设计；

c. 采用的材料价格来源；

d. 综合单价中风险因素、风险范围（幅度）；

e. 其他等。

总　说　明　　**表 1-15**

工程名称：　　第 1 页　共 1 页

③ 投标报价，总说明的内容应包括（表 1-16）：

a. 采用的计价依据；

b. 采用的施工组织设计；

c. 综合单价中包含的风险因素，风险范围（幅度）；

d. 措施项目的依据；

e. 其他有关内容的说明等。

总　说　明　　　　**表 1-16**

工程名称：　　　　第 1 页　共 1 页

6. 竣工结算，总说明的内容应包括（表 1-17、表 1-18）

（1）工程概况；

（2）编制依据；

（3）工程变更；

（4）工程价款调整；

（5）索赔；

（6）其他等。

总　说　明　　　　**表 1-17**

工程名称：　　　　第 1 页　共 1 页

总　说　明　　　　**表 1-18**

工程名称：　　　　第 1 页　共 1 页

7. 工程计价汇总表

① 建设项目招标控制价/投标报价汇总表，见表1-19、表1-20。

② 单项工程招标控制价/投标报价汇总表，见表1-21、表1-22。

③ 单位工程招标控制价/投标报价汇总表，见表1-23、表1-24。

④ 建设项目竣工结算汇总表，见表1-25。

⑤ 单项工程竣工结算汇总表，见表1-26。

⑥ 单位工程竣工结算汇总表，见表1-27。

建设项目招标控制价汇总表 **表1-19**

工程名称： 第1页 共1页

序号	单项工程名称	金额（元）	其 中：（元）		
			暂估价	安全文明施工费	规 费
合计					

注：本表适用于建设项目招标控制价或投标报价的汇总。

建设项目投标报价汇总表 **表1-20**

工程名称： 第1页 共1页

序号	单项工程名称	金额（元）	其 中：（元）		
			暂估价	安全文明施工费	规 费
合计					

注：本表适用于建设项目招标控制价或投标报价的汇总。

单项工程招标控制价汇总表 **表 1-21**

工程名称： 第 1 页 共 1 页

序号	单项工程名称	金额（元）	其 中：（元）		
			暂估价	安全文明施工费	规 费
合计					

注：本表适用于单项工程招标控制价或投标报价的汇总。暂估价包括分部分项工程中的暂估价和专业工程暂估价。

单项工程投标报价汇总表 **表 1-22**

工程名称： 第 1 页 共 1 页

序号	单项工程名称	金额（元）	其 中：（元）		
			暂估价	安全文明施工费	规 费
合计					

注：本表适用于单项工程招标控制价或投标报价的汇总。暂估价包括分部分项工程中的暂估价和专业工程暂估价。

单位工程招标控制价汇总表 **表 1-23**

工程名称： 第 1 页 共 1 页

序号	汇总内容	金额（元）	其中：暂估价（元）

注：本表适用于单位工程招标控制价或投标报价的汇总，如无单位工程划分，单项工程也使用本表汇总。

单位工程投标报价汇总表 **表 1-24**

工程名称： 第 1 页 共 1 页

序号	汇总内容	金额（元）	其中：暂估价（元）

注：本表适用于单位工程招标控制价或投标报价的汇总，如无单位工程划分，单项工程也使用本表汇总。

建设项目竣工结算汇总表 **表 1-25**

工程名称： 第 1 页 共 1 页

序号	单项工程名称	金额（元）	其　中：（元）	
			安全文明施工费	规　费
合　计				

单项工程竣工结算汇总表 **表 1-26**

工程名称： 第 1 页 共 1 页

序号	单项工程名称	金额（元）	其　中：（元）	
			安全文明施工费	规　费
合　计				

单位工程竣工结算汇总表 **表 1-27**

工程名称： 第 1 页 共 1 页

序号	汇总内容	金额（元）

注：如无单位工程划分，单项工程也使用本表汇总。

8. 分部分项工程和措施项目计价表

① 分部分项工程和单价措施项目清单与计价表，见表 1-28。

② 综合单价分析表，见表 1-29。

③ 综合单价调整表，见表 1-30。

④ 总价措施项目清单与计价表，见表 1-31。

分部分项工程和单价措施项目清单与计价表 **表 1-28**

工程名称： 标段： 第 1 页 共 1 页

序号	项目编码	项目名称	项目特征描述	计量单位	工程量	金额（元）		
						综合单价	合价	其中：暂估价
本页小计								
合　计								

注：为计取规费等的使用，可在表中增设其中："定额人工费"。

综合单价分析表 **表 1-29**

工程名称：山东省单层车库 标段： 第 页 共 页

项目编码	030112001001	项目名称	煤气发生炉安装	计量单位	台	工程量	1

清单综合单价组成明细											
定额编号	定额名称	定额单位	数量	单　价				合　价			
				人工费	材料费	机械费	管理费和利润	人工费	材料费	机械费	管理费和利润

材料费明细	主要材料名称、规格、型号	单位	数量	单价（元）	合价（元）	暂估单价（元）	暂估合价（元）
	其他材料费			—		—	
	材料费小计			—		—	

注：1. 如不使用省级或行业建设主管部门发布的计价依据，可不填定额编号、名称等。

2. 招标文件提供了暂估单价的材料，按暂估的单价填入表内"暂估单价"栏及"暂估合价"栏。

综合单价调整表 表 1-30

工程名称： 标段： 第 页 共 页

序号	项目编码	项目名称	已标价清单综合单价（元）					调整后综合单价（元）				
			综合单价	其中				综合单价	其中			
				人工费	材料费	机械费	管理费和利润		人工费	材料费	机械费	管理费和利润
造价工程师（签章）： 发包人代表（签章）： 日期：								造价工程师（签章）： 承包人代表（签章）： 日期：				

注：综合单价调整应附调整依据。

总价措施项目清单与计价表 表 1-31

工程名称： 标段： 第 1 页 共 1 页

序号	项目编码	项目名称	计算基础	费率（%）	金额（元）	调整费率（%）	调整后金额（元）	备注
		安全文明施工费						
		夜间施工增加费						
		二次搬运费						
		冬雨期施工增加费						
		已完工程及设备保护费						
合计								

注：1.“计算基础”中安全文明施工费可为“定额基价”、“定额人工费”或“定额人工费＋定额机械费”，其他项目可为“定额人工费”或“定额人工费＋定额机械费”。

2. 按施工方案计算的措施费，如无“计算基础”和“费率”的数值，也可只填“金额”数值，但应在备注栏说明施工方案出处或计算方法。

本规范将“08 规范”中的分部分项工程量清单与计价表和“措施项目清单与计价表”合并重新设置，以单价项目形式表现的措施项目与分部分项工程项目采用同一种表，措施项目表改为总价措施项目清单与计价表，增加综合单价调整表，更切合实际，增强了适用性。

9. 其他项目计价表

① 其他项目清单与计价汇总表，见表 1-32。

② 暂列金额明细表，见表 1-33。

③ 材料（工程设备）暂估单价及调整表，见表 1-34。

④ 专业工程暂估价及结算价表，见表 1-35。

⑤ 计日工表，见表 1-36。

⑥ 总承包服务费计价表，见表 1-37。

⑦ 索赔与现场签证计价汇总表，见表 1-38。

⑧ 费用索赔申请（核准）表，见表 1-39。

⑨ 现场签证表，见表 1-40。

其他项目清单与计价汇总表 **表 1-32**

工程名称：　　　　　　标段：　　　　　　第 1 页　共 1 页

序号	项目名称	金额（元）	计算金额（元）	备　注
	合　计			

注：材料（工程设备）暂估单价进入清单项目综合单价，此处不汇总。

暂列金额明细表 **表 1-33**

工程名称：　　　　　　标段：　　　　　　第 1 页　共 1 页

序号	项目名称	计量单位	暂定金额（元）	备　注
	合　计			

注：此表由招标人填写，如不能详列，也可只列暂定金额总额，投标人应将上述暂列金额计入投标总价中。

材料（工程设备）暂估单价及调整表 **表 1-34**

工程名称：　　　　　　标段：　　　　　　第　页　共　页

序号	材料（工程设备）名称、规格、型号	计量单位	数量		暂估（元）		确认（元）		差额±（元）		备注
			暂估	确认	单价	合价	单价	合价	单价	合价	
	合计										

注：1. 此表由招标人填写“暂估单价”，并在备注栏说明暂估价的材料、工程设备拟用在那些清单项目上，投标人应将上述材料、工程设备暂估单价计入工程量清单综合单价报价中。

专业工程暂估及结算价表 **表 1-35**

工程名称：　　　　　　标段：　　　　　　第 1 页　共 1 页

序号	工程名称	工程内容	暂估金额（元）	结算金额（元）	差额±（元）	备　注
	合计					

注：此表“暂估金额”由招标人填写，投标人应将“暂估金额”计入投标总价中。结算时按合同约定结算金额填写。

计日工表

表 1-36

工程名称：　　　　　　　　标段：　　　　　　　　　　　　　　　第 1 页　共 1 页

<table>
<tr><th rowspan="2">编号</th><th rowspan="2">项目名称</th><th rowspan="2">单位</th><th rowspan="2">暂定数量</th><th rowspan="2">实际数量</th><th rowspan="2">综合单价（元）</th><th rowspan="2">合价</th><th colspan="2">金额（元）</th></tr>
<tr><th>综合单价</th><th>合价</th></tr>
<tr><td>一</td><td>人工</td><td></td><td></td><td></td><td></td><td></td><td></td><td></td></tr>
<tr><td></td><td></td><td></td><td></td><td></td><td></td><td></td><td></td><td></td></tr>
<tr><td></td><td></td><td></td><td></td><td></td><td></td><td></td><td></td><td></td></tr>
<tr><td colspan="7">人工小计</td><td></td><td></td></tr>
<tr><td>二</td><td>材料</td><td></td><td></td><td></td><td></td><td></td><td></td><td></td></tr>
<tr><td></td><td></td><td></td><td></td><td></td><td></td><td></td><td></td><td></td></tr>
<tr><td></td><td></td><td></td><td></td><td></td><td></td><td></td><td></td><td></td></tr>
<tr><td colspan="7">材料小计</td><td></td><td></td></tr>
<tr><td>三</td><td>施工机械</td><td></td><td></td><td></td><td></td><td></td><td></td><td></td></tr>
<tr><td></td><td></td><td></td><td></td><td></td><td></td><td></td><td></td><td></td></tr>
<tr><td></td><td></td><td></td><td></td><td></td><td></td><td></td><td></td><td></td></tr>
<tr><td colspan="7">施工机械小计</td><td></td><td></td></tr>
<tr><td colspan="7">四、企业管理费和利润</td><td></td><td></td></tr>
<tr><td colspan="7">总　计</td><td></td><td></td></tr>
</table>

注：此表项目名称、暂列数量由招标人填写，编制招标控制价时，单价由招标人按有关计价规定确定；投标时，单价由投标人自主报价，按暂定数量合价计入投标总价中。结算时，按发承包双方确认的实际数量计算合价。

总承包服务费计价表

表 1-37

工程名称：　　　　　　　　标段：　　　　　　　　　　　　　　　第 1 页　共 1 页

序号	项目名称	项目价值（元）	服务内容	计算基础	费率（%）	金额（元）
	合　计	—	—		—	

注：此表项目名称、服务内容由招标人填写，编制招标控制价时，费率及金额由招标人按有关计价规定确定，投标时，费率及金额由投标人自主报价，计入投标总价中。

索赔与现场签证计价汇总表

表 1-38

工程名称：　　　　　　　　标段：　　　　　　　　　　　　　　　第 1 页　共 1 页

序号	签证及索赔项目名称	计量单位	数量	单价（元）	合价（元）	索赔及签证依据
—	本页小计	—	—	—		—
—	合　计	—	—	—		—

注：签证及索赔依据是指经双方认可的签证单和索赔依据的编号。

费用索赔申请（核准）表 **表 1-39**

工程名称： 标段： 第 1 页 共 1 页

致：____（发包人全称）

根据施工合同条款______条的约定，由于____________原因，我方要求索赔金额（大写）______________（小写______________），请予批准。

附：1. 费用索赔的详细理由和依据：

2. 索赔金额的计算：

3. 证明材料：

承包人（章）

造价人员__________ 承包人代表__________ 日 期__________

复核意见： 监理工程师__________ 日 期______________	复核意见： 造价工程师__________ 日 期______________

审核意见：

□不同意此项索赔。

☑同意此项索赔，与一期进度款同期支付。

发包人（章）（略）

发包人代表__________

日 期______________

注：1. 在选择栏中的“□”内作标识“✓”。

2. 本表一式四份，由承包人填报，发包人、监理人、造价咨询人、承包人各存一份。

现场签证表 **表 1-40**

工程名称： 标段： 第 1 页 共 1 页

施工部位		日期	

致：________________

承包人（章）

造价人员__________ 承包人代表__________ 日 期__________

复核意见： 监理工程师__________ 日 期__________	复核意见： 造价工程师__________ 日 期__________

审核意见：

□不同意此项索赔。

☑同意此项签证，价款与本期进度款同期支付。

发包人（章）（略）

发包人代表__________

日 期__________

注：1. 在选择栏中的“□”内作标识“√”。

2. 本表一式四份，由承包人在收到发包人（监理人）的口头或书面通知后填写，发包人、监理人、造价咨询人、承包人各存一份。

10. 规费、税金项目清单与计价表（表 1-41）

本表按建设部、财政部印发的《建筑安装工程费用项目组成》（建标［2003］206 号）列举的规费项目列项，在施工实践中，有的规费项目，如工程排污费，并非每个工程所在地都要征收，实践中可作为按实计算的费用处理。此外，按照国务院《工伤保险条例》，工伤保险建议列入，与“危险作业意外伤害保险”一并考虑。

规费、税金项目计价表 **表 1-41**

工程名称： 标段： 第 1 页 共 1 页

序号	项目名称	计算基础	计算基数	计算费率（%）	金额（元）
合　计					

编制人员（造价人员）： 复核人（造价工程师）：

11. 工程计量申请（核准）表（表 1-42）

本表是新增表格，使用本表填写的“项目编码”、“项目名称”、“计量单位”应与标价工程量清单表中的一致，承包人应在合同约定的计量周期结束时，将申报数量填写在申报数量栏，发包人核对后如与承包人不一致，填在核实数量栏，经发承包双方共同核对确认的计量填在确认数量栏。

工程计量申请（核准）表 **表 1-42**

工程名称： 标段： 第 1 页 共 1 页

序号	项目编码	项目名称	计量单位	承包人	申报数量	发包人核实数量	发承包人确认数量	备注
承包人代表： 日期：			监理工程师： 日期：		造价工程师： 日期：		发包人代表： 日期：	

12. 合同价款支付申请（核准）表

合同价款的支付申请和核准，个地方、各专业均有不少表格，此类表格是合同履行、价款支付的重要凭证。本规范总结了各地的经验，在“08 规范”工程款支付申请（核准）表的基础上扩展而成，共分为 5 种表：

① 预付款支付申请（核准）表，专用于预付款支付，见表 1-43。

② 总价项目进度款支付分解表，此表的设置为施工过程中无法计量的总价项目以及总价合同的进度款支付提供了解决方式，见表 1-44。

③ 进度款支付申请（核准）表，在“08 规范”工会曾卡支付申请（核准）表的基础

上进一步完善，专用于进度款支付，见表 1-45。

④ 竣工结算支付申请（核准）表，专用于竣工结算价款的支付，见表 1-46。

⑤ 最终结清支付申请（核准）表，是在缺陷责任期到期，承包人履行了工程缺陷修复责任后，对其预留的质量保证金的最终结算，见表 1-47。

上述各表仍然将合同价款的承包人支付申请和发包人核准设置于一表，一一对应，由承包人代表在每个计量周期结束后向发包人提出，由发包人授权的现场代表复核工程量（本表中设置为监理工程师），有发包人授权的造价工程师（可以委托的工程造价咨询企业）复核应付款项，经发包人批准实施。

预付款支付申请（核准）表 **表 1-43**

工程名称：　　　　标段：　　　　第 1 页　共 1 页

致：________________________________（发包人全称）

我方根据施工合同的约定，现申请支付工程预付款额为（大写）____________（小写）____________，请予核准。

序号	名　　称	金额（元）	备　注

承包人（章）

造价人员__________　　承包人代表__________　　日　　期__________

复核意见：	复核意见：
监理工程师__________ 日　　期__________	造价工程师__________ 日　　期__________

审核意见：

□不同意。

□同意，支付时间为本表签发后的 15 天内。

发包人（章）

发包人代表__________

日　　期__________

注：1. 在选择栏中的“□”内作标识“√”。

2. 本表一式四份，由承包人填报，发包人、监理人、造价咨询人、承包人各存一份。

总价项目进度款支付分解表 **表 1-44**

工程名称： 标段： 第 1 页 共 1 页

序号	项目名称	总价金额	首次支付	二次支付	三次支付	四次支付	五次支付	
合 计								

编制人员（造价人员）： 复核人（造价工程师）：

注：1. 本表应由承包人在投标报价时根据发包人在招标文件明确的进度款支付周期与报价填写，签订合同时，发承包双方可就支付分界协商调整后作为合同附件。

2. 单价合同使用本表，“支付”栏时间应与单价项目进度款支付周期相同。

3. 总价合同使用本表，“支付”栏时间应与约定的工程计量周期相同。

进度款支付申请（核准）表 **表 1-45**

工程名称： 标段： 第 1 页 共 1 页

致：______________________________发包人全称

我方于________至________期间已完成了_______工作，根据施工合同的约定，现申请支付本周期的合同款额为（大写）______________（小写________），请予核准。

序号	名 称	金额（元）	备 注

附：上述 3、4 详见附件清单。

承包人（章）

造价人员__________ 承包人代表__________ 日 期__________

复核意见：

监理工程师__________

日 期__________

复核意见：

造价工程师__________

日 期__________

审核意见：

□不同意。

□同意，支付时间为本表签发后的 15 天内。

发包人（章）（略）

发包人代表__________

日 期__________

注：1. 在选择栏中的“□”内作标识“√”。

2. 本表一式四份，由承包人填报，发包人、监理人、造价咨询人、承包人各存一份。

竣工结算支付申请（核准）表

表 1-46

工程名称： 标段： 第 1 页 共 1 页

致：______________________________ 发包人全称

我方于________至________期间已完成合同约定的工作，工程已经完工，根据施工合同的约定，现申请支付竣工结算合同款额为（大写）______________（小写________），请予核准。

序号	名 称	金额（元）	备 注

承包人（章）

造价人员__________ 承包人代表__________ 日 期__________

复核意见：

监理工程师__________

日 期______________

复核意见：

造价工程师__________

日 期______________

审核意见：

□不同意。

□同意，支付时间为本表签发后的 15 天内。

发包人（章）（略）

发包人代表__________

日 期______________

注：1. 在选择栏中的“□”内作标识“√”。

2. 本表一式四份，由承包人填报，发包人、监理人、造价咨询人、承包人各存一份。

最终结清支付申请（核准）表 表 1-47

工程名称： 标段： 第 1 页 共 1 页

致：____发包人全称

我方于________至________期间已完成了缺陷修复工作，根据施工合同的约定，现申请支付最终结清合同款额为（大写）______________（小写________），请予核准。

序号	名 称	金额（元）	备 注

附：上述 3、4 详见附件清单。

承包人（章）

造价人员__________ 承包人代表__________ 日 期__________

复核意见：	复核意见：
监理工程师__________ 日 期__________	造价工程师__________ 日 期__________

审核意见：

□不同意。

□同意，支付时间为本表签发后的 15 天内。

发包人（章）（略）

发包人代表__________

日 期__________

注：1. 在选择栏中的“□”内作标识“√”。

2. 本表一式四份，由承包人填报，发包人、监理人、造价咨询人、承包人各存一份。

13. 主要材料、工程设备一览表

此表是新增，由于价料等价格占据合同价款的大部分，对材料价款的管理历来是发承包双方十分重视的，因此，此表是针对发包人供应材料设置的，针对承包人供应材料按当前最主要的调整方法设置了两种表式。

① 发包人提供材料和工程设备一览表，见表 1-48。

② 承包人提供主要材料和工程设备一览表，适用于造价信息差额调整法，见表 1-49。

③ 承包人提供主要材料和工程设备一览表，适用于价格指数差额调整法，见表 1-50。

发包人提供材料和工程设备一览表

表 1-48

工程名称：　　　　　　　　　标段：　　　　　　　　　　第 1 页　共 1 页

序号	材料（工程设备）名称、规格、型号	单位	数量	单价（元）	交货方式	送达地点	备注

注：此表由招标人填写，供投标人在投标报价、确定总承包服务费时参考。

发包人提供材料和工程设备一览表

(适用于造价信息差额调整法)

表 1-49

工程名称：　　　　　　　　　标段：　　　　　　　　　　第 1 页　共 1 页

序号	名称、规格、型号	单位	数量	风险系数（%）	基准单价（元）	投标单价（元）	发承包人确认单价（元）	备注

注：1. 此表由招标人填写除“投标单价”栏的内容，投标人在投标时自主确定投标单价。

2. 招标人应优先采用工程造价管理机构发布的单价作为基准单价，未发布的，通过市场调查确定其基准单价。

发包人提供材料和工程设备一览表

(适用于价格指数差额调整法)

表 1-50

工程名称：　　　　　　　　　标段：　　　　　　　　　　第 1 页　共 1 页

序号	名称、规格、型号	编制权重 B	基本价格指数 F_0	现行价格指数 F_t	备注
	定制权重 A		—	—	
合计		1	—	—	

注：1.“名称、规格、型号”、“基本价格指数”栏由招标人填写，基本价格指数应首先采用工程造价管理机构发布的价格指数，没有时，可采用发布的价格代替。如人工、机械费也采用本法调整，由招标人在“名称”栏填写。

2.“变值权重”栏由投标人根据该项人工、机械费和材料、工程设备价值在投标总报价中所占的比例填写，1 减去其比例为定值权重。

3.“现行价格指数”按约定的付款证书相关周期最后一天的前 42 天的各项价格指数填写，该指数应首先采用工程造价管理机构发布的价格指数，没有时，可采用发布的价格代替。

14. 工程量清单计价格式

（1）工程量清单计价应采用统一格式。

（2）工程计价表格的设置应满足工程计价的需要，方便使用。

（3）工程量清单的编制应符合下列规定：

1）工程量清单编制使用表格包括：表 1-1、表 1-6、表 1-7、表 1-28、表 1-31、表 1-32（不含表表 1-38、表 1-39、表 1-40）、表 1-41、表 1-48、表 1-49 或表 1-50。

2）扉页应按规定的内容填写、签字、盖章，由造价员编制的工程量清单应有负责审核的造价工程师签字、盖章。受委托编制的工程量清单，应有造价工程师签字、盖章以及工程造价咨询人盖章。

3）总说明应按下列内容填写

① 工程概况：建设规模、工程特征、计划工期、施工现场实际情况、自然地理条件、环境保护要求等。

② 工程招标和分包范围。

③ 工程量清单编制依据。

④ 工程质量、材料、施工等的特殊要求。

⑤ 其他需要说明的问题。

15. 招标控制价、投标报价、竣工结算的编制应符合下列规定

（1）使用表格：

①招标控制价使用表格包括：表 1-2、（表 1-8、表 1-9）中的一个、（表 1-14、表 1-15、表 1-16、表 1-17、表 1-18）中的一个、（表 1-19、表 1-20）中的一个、（表 1-21、表 1-22）中的一个、（表 1-23、表 1-24）中的一个、表 1-28、表 1-29、表 1-31、表 1-32（不含表表 1-38、表 1-39、表 1-40）、表 1-41、表 1-48、表 1-49 或表 1-50。

② 投标报价使用的表格包括：表 1-3、表 1-10、（表 1-14、表 1-15、表 1-16、表 1-17、表 1-18）中的一个、（表 1-19、表 1-20）中的一个、（表 1-21、表 1-22）中的一个、（表 1-23、表 1-24）中的一个、表 1-28、表 1-29、表 1-31、表 1-32（不含表表 1-38、表 1-39、表 1-40）、表 1-41、表 1-44、招标文件提供的表 1-48、表 1-49 或表 1-50。

③ 竣工结算使用的表格包括：表 1-4、（表 1-11、表 1-12）中的一个、（表 1-14、表 1-15、表 1-16、表 1-17、表 1-18）中的一个、表 1-25、表 1-26、表 1-27、表 1-28、表 1-29、表 1-30、表 1-31、表 1-32、表 1-41、表 1-42、表 1-43、表 1-44、表 1-45、表 1-46、表 1-47、表 1-48、表 1-49 或表 1-50。

（2）封面应按规定的内容填写、签字、盖章，除承包人自行编制的投标报价和竣工结算外，受委托编制的招标控制价、投标报价、竣工结算，由造价员编制的应有负责审核的造价工程师签字、盖章以及工程造价咨询人盖章。

（3）总说明应按下列内容填写：

① 工程概况：建设规模、工程特征、计划工期、合同工期、实际工期、施工现场及变化情况、施工组织设计的特点、自然地理条件、环境保护要求等。

② 编制依据等。

16. 工程造价鉴定应符合下列规定

（1）工程造价鉴定使用表格包括：表 1-5、表 1-13、（表 1-14、表 1-15、表 1-16、表

1-17、表 1-18）中的一个、表 1-25～表 1-48、表 1-49 或表 1-50。

（2）扉页应按规定内容填写、签字、盖章，应有承担鉴定和负责审核的注册造价工程师签字、盖执业专用章。

（3）说明应按本规范的规定填写。

17. 投标人应按招标文件的要求，附工程量清单综合单价分析表。

第三节　工程量清单及计价方法

一、一般规定

（一）计价方式

1. 国有投资的工程项目的计价方式

使用国有资金投资的建设工程发承包，必须采用工程量清单计价。

2. 非国有资金投资的工程项目的计价方式

非国有资金投资的建设工程，宜采用工程量清单计价。

对于非国有资金投资的工程建设项目，是否采用工程量清单方式计价由项目业主自主确定，但本规范鼓励采用工程量清单计价方式。

不采用工程量清单计价的建设工程，应执行本规范除工程量清单等专门性规定外的其他规定。

3. 工程量清单应采用的计价方法

工程量清单应采用综合单价计价。

4. 安全文明施工费的计价原则

措施项目中的安全文明施工费必须按国家或省级、行业建设主管部门的规定计算，不得作为竞争性费用。

根据《中华人民共和国安全生产法》、《中华人民共和国建筑法》、《建设工程安全生产管理条例》、《安全生产许可证条例》等法律、法规的规定，2005 年 6 月 7 日，建设部办公厅印发了《关于印发（建筑工程安全防护、文明施工措施费及使用管理规定）的通知》（建办［2005］89 号），将安全文明施工费纳入国家强制性标准管理范围，规定“投标方安全防护、文明施工措施的报价，不得低于依据工程所在地工程造价管理机构测定费率计算所需费用总额的 90％”。2012 年 2 月 14 日，财政部、国家安全生产监督管理总局印发《企业安全生产费用提取和使用管理办法》（财企［2012］16 号）第七条规定：“建设工程施工企业提取的安全费用列入工程造价，在竞标时，不得删减，列入标外管理”。

根据以上规定，考虑到安全生产、文明施工的管理与要求越来越高，按照财政部、国家安监总局的规定，安全费用标准不予竞争。因此，本规范规定措施项目清单中的安全文明施工费必须按国家或省级建设行政主管部门或行业建设主管部门的规定费用标准计价，招标人不得要求投标人对该项费用进行优惠，投标人也不得将该项费用参与市场竞争。将“应”修改为“必须”，按照标准用词说明，表述更为严格。

5. 规费和计价原则

规费和税金必须按国家或省级、行业建设主管部门的规定计算，不得作为竞争性费用。

规费是政府和有关权力部门根据国家法律、法规规定施工企业必须缴纳的费用。税金是国家按照税法预先规定的标准，强制地、无偿地要求纳税人缴纳的费用。二者都是工程造价的组成部分，但是其费用内容和计取标准都不是发承包人能自助确定的，更不是市场竞争决定的。

随着我国改革开放的深入进行，国家财富的迅速增长，党和政府把提高人民的生活水准，提供人民社会保障作为重要的政策。随着《中华人民共和国社会保险法》的发布实施，进城务工的农村居民依照本法规定参加社会保险。社会保障体制的逐步完善以及劳动主管部门对违法企业劳动监察的加强，都对建筑施工企业的成本支出产生了重大影响。

（二）发包人提供材料和工程设备

1. 甲供材料的计价方式

发包人提供的材料和工程设备（以下简称甲供材料）应在招标文件中按照本规范附录L.1的规定填写《发包人提供材料和工程设备一览表》，写明甲供材料的名称、规格、数量、单价、交货方式、交货地点等。

承包人投标时，甲供材料单价应计入相应项目的综合单价中，签约后，发包人应按合同约定扣除甲供材料款，不予支付。

发包人提供甲供材料，若是招标发包的，应在招标文件中明示；若是直接发包的，应在合同中约定清楚，在合同履行过程中，发包人不应再定甲供材料，否则，就可能产生侵犯承包权的情况。

2. 发包人甲供材料的供应要求

承包人应根据合同工程进度计划的安排，向发包人提交甲供材料交货的日期计划。发包人应按计划提供。

3. 发包人甲供材料的责任

发包人提供的甲供材料如规格、数量或质量不符合合同要求，或由于发包人原因发生交货日期延误、交货地点及交货方式变更等情况的，发包人应承担由此增加的费用和（或）工期延误，并应向承包人支付合理利润。

依据《建设工程质量管理条例》第十四条的规定，“按照合同约定，由建设单位采购建筑材料、建筑构配件和设备的，建设单位应当保证建筑材料、建筑构配件和设备符合设计文件和合同要求”，《中华人民共和国合同法》第二百八十三条规定：“发包人未按照约定的时间和要求提供原材料、设备、场地、资金、技术资料的，承包人可以顺延工程日期，并有权要求赔偿停工、窝工等损失”，据此，若发包人提供的甲供材料规格、数量或质量不符合合同要求，或由于发包人原因发生交货日期延误等情况的，发包人应承担由此增加的费用和（或）工期延误，并向承包人支付合理利润。

4. 发包人甲供材料数量计算原则

发承包双方对甲供材料的数量发生争议不能达成一致的，应按照相关工程的计价定额同类项目规定的材料消耗量计算。

5. 发包人甲供材料变更为承包人采购后的计价原则

若发包人要求承包人采购已在招标文件中确定为甲供材料的，材料价格应由发承包双方根据市场调查确定，并应另行签订补充协议。

（三）承包人提供材料和工程设备

1. 承包人提供材料、工程设备的要求

除合同约定的发包人提供的甲供材料外，合同工程所需的材料和工程设备应由承包人提供，承包人提供的材料和工程设备均应由承包人负责采购、运输和保管。

2. 承包人对采购的材料设备质量应负的责任

承包人应按合同约定将采购材料和工程设备的供货人及品种、规格、数量和供货时间等提交发包人确认，并负责提供材料和工程设备的质量证明文件，满足合同约定的质量标准。

对承包人提供的材料和工程设备经检测不符合合同约定的质量标准，发包人应立即要求承包人更换，由此增加的费用和（或）工期延误应由承包人承担。对发包人要求检测承包人已具有合格证明的材料、工程设备，但经检测证明该项材料、工程设备符合合同约定的质量标准，发包人应承担由此增加的费用和（或）工期延误，并向承包人支付合理利润。

依据《建设工程质量管理条例》第二十九条规定："施工单位必须按照工程设计要求、施工技术标准和合同约定，对建筑材料、建筑构配件、设备和商品混凝土进行检验……未经检验或者检验不合格的，不得使用"。

若发包人发现承包人提供的材料和工程设备经检测不符合合同约定的质量标准，应立即要求承包人更换，由此增加的费用和（或）工期延误由承包人承担。但经检测证明该项材料、工程设备符合合同约定的质量标准，发包人应承权由此增加的费用和（或）工期延误，并向承包人支付合理利润。

（四）计价风险

1. 工程计价风险的确定原则

建设工程发承包，必须在招标文件、合同中明确计价中的风险内容及其范围，不得采用无限风险、所有风险或类似语句规定计价中的风险内容及范围。

本条与"08规范"相比，将"采用工程量清单计价的工程"修改为"建设工程发承包"，将风险定义为计价中的风险，进一步明确了工程计价风险的范围，并将此条上升为强制性条文。

风险是一种客观存在的、可能会带来损失的、不确定的状态，具有客观性、损失性、不确定性三大特性。工程风险是指一项工程在设计、施工、设备调试以及移交运行等项目周期全过程可能发生的风险。本条所指的风险是工程建设施工阶段发承双方在招投标活动和合同履约中所面临涉及工程计价方面的风险。

工程施工招标发包是工程建设交易方式之一，一个成熟的建设市场应是一个体现交易公平性的市场。在工程建设施工发承包中实行风险共担和合理分摊原则是实现建设市场交易公平性的具体体现，是维护建设市场正常秩序的措施之一。

在工程施工阶段，发承包双方都面临许多风险，但不是所有的风险以及无限度的风险都应由承包人承担，而是应按风险共担的原则，对风险进行合理分摊。其具体体现则是应在招标文件或合同中对发承包双方各自应承担的计价风险内容及其风险范围或幅度进行界定和明确，而不能要求承包人承担所有风险或无限度风险。

根据我国工程建设特点，投标人应完全承担的风险是技术风险和管理风险，如管理费和利润；应有限度承担的是市场风险，如材料价格、施工机械使用费；应完全不承担的是法律、法规、规章和政策变化的风险。

2. 发包人应承担的计价风险

由于下列因素出现，影响合同价款调整的，应由发包人承担：

(1) 国家法律、法规、规章和政策发生变化；

(2) 省级或行业建设主管部门发布的人工费调整，但承包人对人工费或人工单价的报价高于发布的除外；

(3) 由政府定价或政府指导价管理的原材料等价格进行了调整。

因承包人原因导致工斯延误的，应按本规范的规定执行。

工程施工合同的性质决定了合同履行完毕需要较长的周期。在这一周期内，影响到合同条件的变化，不少情况下是难以避免的，本条就针对影响合同价款的因素出现时，应由发包人承担的情况：

(1) 国家法律、法规、规章和政策发生变化，由于发承包双方都是国家法律、法规、规章和政策的执行者，当其发生变化影响合同价款时，应由发包人承担，此类变化主要反应在规费、税金上。

(2) 根据我国目前工程建设的实际情况，各地建设主管部门均根据当地人力资源和社会保障主管部门的有关规定发布人工成本信息或人工费调整，对此关系职工切身利益的人工费调整不应由承包人承担。

(3) 目前，我国仍有一些原材料价格按照《中华人民共和国价格法》的规定实行政府定价或政府指导价，如水、电、燃油等。按照《中华人民共和国合同法》第六十三条规定："执行政府定价或者政府指导价的，在合同约定的交付期限内价格调整时，按照交付的价格计价。逾期交付标的物的，遇价格上涨时，按照原价格执行；价格下降时，按照新价格执行。逾期提取标的物或者逾期付款的，遇价格上涨时，按照新价格执行；价格下降时，按照原价格执行"。因此，对政府定价或政府指导价管理的原材料价格应按照相关文件规定进行合同价款调整，不应在合同中违规约定。

"因承包人原因导致工期延误的，应按本规范的规定执行"，其含义如下：

(1) 由于非承包人原因导致工期延误的，采用不利于发包人的原则调整合同价款；

(2) 由于承包人原因导致工期延误的，采用不利于承包人的原则调整合同价款。

3. 承包人应承担的市场物价波动的风险范围

由于市场物价波动影响合同价款的，应由发承包双方合理分摊，按本规范附录 L2 或 L3 填写《承包人提供主要材料和工程设备一览表》作为合同附件；当合同中没有约定，发承包双方发生争议时，应按本规范的规定调整合同价款。

本规范要求发承包双方应在合同中约定市场物价波动的调整，材料价格的风险宜控制在 5%以内，施工机械使用费的风险可控制在 10%以内，超过者予以调整。

4. 承包人应承担的风险

由于承包人使用机械设备、施工技术以及组织管理水平等自身原因造成施工费用增加的，应由承包人全部承担。

由于承包人组织施工的技术方法、管理水平低下造成的管理费用超支或利润减少的风险全部由承包人承担。

5. 不可抗力发生后的价款计算。

当不可抗力发生，影响合同价款时，应按本规范的规定执行。

二、工程量清单的编制

（一）一般规定

1. 工程量清单的编制人

招标工程量清单应由具有编制能力的招标人或受其委托、具有相应资质的工程造价咨询人编制。

2. 工程量清单的重要性

招标工程量清单必须作为招标文件的组成部分，其准确性和完整性应由招标人负责。

3. 招标工程量清单的作用

招标工程量清单是工程量清单计价的基础，应作为编制招标控制价、投标报价、计算或调整工程量、索赔等的依据之一。

与“08 年规范”相比，删去了“支付工程款、调整合同价款、办理竣工结算”等，以示与已标价工程量清单的区别，表述更加清晰。

4. 工程量清单的组成内容

招标工程量清单应以单位（项）工程为单位编制，应由分部分项工程项目清单、措施项目清单、其他项目清单、规费和税金项目清单组成。

与“08 年规范”相比，增加了应以单位（项）工程为单位编制。

5. 工程量清单的编制依据

（1）本规范和相关工程的国家计量规范；

（2）国家或省级、行业建设主管部门颁发的计价定额和办法；

（3）建设工程设计文件及相关资料；

（4）与建设工程项目有关的标准、规范、技术资料；

（5）拟定的招标文件；

（6）施工现场情况、地勘水文资料、工程特点及常规施工方案；

（7）其他相关资料：

与“08 规范”相比，有以下变化。

（1）第 1 款增加了“相关工程国家计量规范”，与“08 规范”修订后的标准相适应；

（2）第 5 款删除了“补充通知、答疑纪要”因招标工程量清单已随招标文件发布；

（3）第 6 款增加了“地勘水文资料”。

6. 工程量清单的编制原则

（1）首先要满足建设工程施工招投标的需要，能够对工程造价进行合理确定和有效控制。

（2）编制工程量清单要做到四统一，即统一项目编码、统一工程量计算规则、统一计量单位、统一项目名称。

（3）有利于规范建筑市场的计价行为，能够促进企业的经营管理、技术进步，增加施工企业在国内外市场的竞争能力。

（4）适当考虑我国目前工程造价管理工作的现状，实行市场调节价。

（二）“13规范”中对工程量清单编制工作的规定

1. 工程量清单是招标投标活动中，对招标人和投标人都具有约束力的重要文件，是招标投标活动的依据，专业性强，内容复杂，对编制人的业务技术水平要求高，能否编制出完整、严谨的工程量清单，直接影响招标的质量，也是招标成败的关键。因此，规定了招标工程量清单应由具有编制招标文件能力的招标人或受其委托，具有相应资质的工程造价咨询人编制。

2.《中华人民共和国招标投标法》规定，招标文件应当包括招标项目的技术要求和投标报价要求。工程量清单体现了招标人要求投标人完成的工程项目及相应工程数量，全面反映了投标报价要求，是投标人进行报价的依据，工程量清单应是招标文件不可分割的一部分。

招标人对编制的工程量清单的准确性和完整性负责。投标人依据工程量清单进行投标报价，对工程量清单不负有核实的义务，更不具有修改和调整的权力。同时，对编制质量的责任规定的更加明确和责任具体。工程量清单作为投标人报价的共同平台，其准确性——数量不算错，其完整性——不缺项漏项，均应由招标人负责，如招标人委托工程造价咨询人编制，责任仍应由招标人承担。至于工程造价咨询人应承担的具体责任则应由招标人与工程造价咨询人通过合同约定处理或协商解决。

3. 招标工程量清单是工程量清单计价的基础，应作为编制指标控制价、投标报价、计算或调整工程量、索赔等依据之一。它阐述了工程量清单在工程中起到基础性作用，是整个工程量清单计价活动的重要依据之一，贯穿于整个施工过程中。

4. 招标工程量清单应以单位（项）工程为单位编制，应由分部分项工程量清单、措施项目清单、其他项目清单、规费和税金项目清单组成。

（三）分部分项工程项目

1. 分部分项工程项目清单的五个要件

分部分项工程项目清单必须载明项目编码、项目名称、项目特征、计量单位和工程量。

分部分项工程量清单包括的内容，应满足两方面的要求，其一要满足规范管理、方便管理的要求；二要满足计价的要求。为了满足上述要求，本规范提出了分部分项工程量清单的五个统一，即项目编码统一、项目名称统一、项目特征统一、计量单位统一、工程量计算规则统一，这五个要件在分部分项工程项目清单的组成中缺一不可。招标人必须按规定执行，不得因情况不同而变动。

与“08年规范”相比，将强制性条文“应”改为“必须”，用词更加严格。

2. 分部分项工程项目清单的编制要求

分部分项工程项目清单必须根据相关工程现行国家计量规范规定的项目编码、项目名称、项目特征、计量单位和工程量计算规则进行编制。

与“08规范”相比，把“附录”修改为“相关工程现行国家计量规范”，与新的标准对接。

3. 分部分项工程量清单编码以12位阿拉伯数字表示，前9位为全国统一编码，编制分部分项工程量清单时应按附录中的相应编码设置，不得变动，后3位应根据拟建工程的工程量清单项目名称设置，同一招标工程的项目编码不得有重码。如图1-2所示。

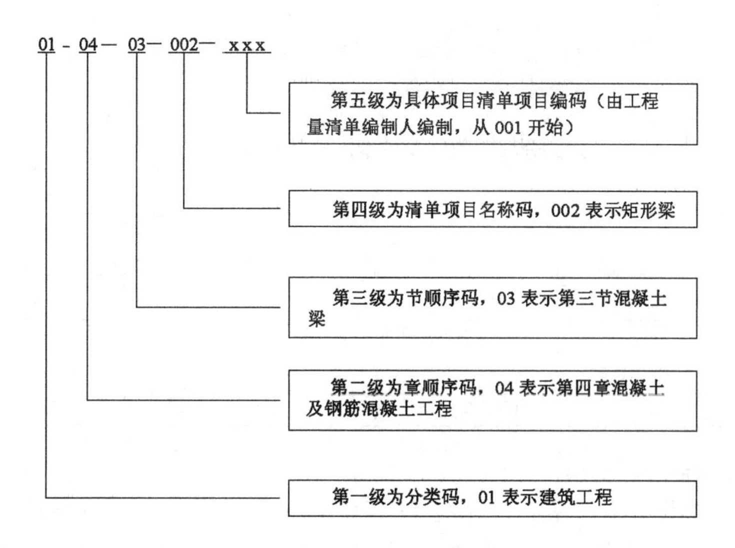

图 1-2　工程量清单项目编码结构

当同一标段（或合同段）的一份工程量清单中含有多个单项或单位（以下简称单位）工程且工程量清单是以单位工程为编制对象时，在编制工程量清单时应特别注意对项目编码十至十二位的设置不得有重码的规定。例如一个标段（或合同段）的工程量清单中含有三个单位工程，每一单位工程中都有项目特征相同的实心砖墙砌体，在工程量清单中又需反映三个不同单位工程的实心砖墙砌体工程量时，此时工程量清单应以单位工程为编制对象，则第一个单位工程的实心砖墙的项目编码应为 010302001001，第二个单位工程的实心砖墙的项目编码应为 010302001002，第三个单位工程的实心砖墙的项目编码应为 010302001003，并分别列出各单位工程实心砖墙的工程量。

有效位数应遵循下列规定：

（1）以“吨”为计量单位的应保留小数点三位，第四位小数四舍五入；

（2）以“立方米”、“平方米”“米”、“千克”为计量单位的应保留小数点二位，第三位小数四舍五入；

（3）以“项”、“个”等为计量单位的应取整数。

项目编码结构如图 1-2 所示（以建筑工程为例）：

【例】　房屋建筑工程：现浇混凝土基础

阅图：钢筋混凝土工程为 C35 钢筋混凝土带形基础梁

垫层：3∶7 灰土 400mm

垫层：C15 素混凝土 200mm

分部分项工程量设置

项目名称：C35 带形基础梁

项目编码：010501002001

计量单位：m^3

工程数量：(0.4×0.6+0.24+0.1) ×180=47.52 (m^3)

综合工程内容：

3∶7 灰土垫层 1×0.4×180=72 (m^3)

C15 素混凝土垫层 1×0.2×180＝36（m^3）

填制表格见表 1-51。

分部分项工程和单价措施项目清单与计价表 **表 1-51**

工程名称： 标段： 第 页 共 页

序号	项目编码	项目名称	项目特征描述	计量单位	工程量	金额（元）		
						综合单价	合价	其中：暂估计
1	010501002001	带形基础	C35 钢筋混凝土带形基础梁 3∶7 灰土垫层 72m^3 C15 素混凝土垫层 36m^3	m^3	104.4			

通用安装工程：压缩机

查阅拟建工程设备一览表：活塞式 H 行中间同轴同步（电动机驱动）压缩机 2 台。参阅压缩机生产厂商提供的有关资料，压缩机为解体安装，主机及附属设备单机总重 120t，其中高压同步电动机重 30t。

项目名称：活塞式 H 行中间同轴同步（电动机驱动）压缩机

项目编码：030110001001

计量单位：台

综合工程内容：

压缩机主机解体安装 120t

电动机安装 30t

环氧灌浆料灌浆 2m^3

填制表格见表 1-52。

分部分项工程和单价措施项目清单与计价表 **表 1-52**

工程名称： 标段： 第 页 共 页

序号	项目编码	项目名称	项目特征描述	计量单位	工程量	金额（元）		
						综合单价	合价	其中：暂估计
1	030110001001	活塞式压缩机	活塞式 H 行中间同轴同步（电动机驱动）压缩机 压缩机主体解体安装 120t 电动机安装 30t 环氧灌浆料二次灌浆 2m^3	台	1			

房屋建筑与装饰工程：胶合板门

外围尺寸：900mm×2700mm

油漆：刷一遍底油、两遍调合漆

分部分项工程量设置：

项目名称：木门油漆

项目编码：011401001001

计量单位：樘

工程数量：5

综合工程内容：

胶合板门制作安装：0.9×2.7×5＝12.15m²

胶合板门刷一遍底油、两遍调合漆：12.15m²

填制表格见表1-53。

分部分项工程和单价措施项目清单与计价表 **表1-53**

工程名称： 标段： 第 页 共 页

序号	项目编码	项目名称	项目特征描述	计量单位	工程量	金额（元）		
						综合单价	合价	其中：暂估计
1	011401001001	胶合板门	外围尺寸：900mm×2700mm 刷一遍底油、两遍调和漆	樘	5			

市政工程：钢筋混凝土方桩

阅图：C30预制混凝土方桩，截面为30×35

分部分项工程量设置：

项目名称：预制钢筋混凝土方桩

项目编码：040301001001

计量单位：m

工程数量：944

综合工程内容：

搭拆2.5t支架（水上）：701.72m²

C30预制混凝土方桩（截面30×35）：109.46m³

打预制混凝土方桩： 109.46m³

浆锚接桩：40个

送桩：3.66m³

填制表格见表1-54。

分部分项工程和单价措施项目清单与计价表 **表1-54**

工程名称： 标段： 第 页 共 页

序号	项目编码	项目名称	项目特征描述	计量单位	工程量	金额（元）		
						综合单价	合价	其中：暂估计
1	040301001001	预制钢筋混凝土方桩	预制钢筋混凝土方桩（30×35） C30混凝土，石料粒径为40 搭拆2.5t支架（水上） 打混凝土方桩 浆锚接桩 送桩	m	944			

园林绿化工程：绿化工程喷灌设施

分部分项工程量设置

项目名称：喷灌管线安装

项目编码：050103001001

计量单位：m

工程数量：100

综合工程内容：

分管 ϕ40，43m

支管 ϕ32，57m

美国鱼鸟旋转喷头 2″，6 个，

水表：1 个

低压塑料丝扣阀门：1 个

填制表格见表 1-55。

分部分项工程和单价措施项目清单与计价表 **表 1-55**

工程名称：　　　　　　　　　　　　标段：　　　　　　　　　　　　第　页　共　页

序号	项目编码	项目名称	项目特征描述	计量单位	工程量	金额（元）		
						综合单价	合价	其中：暂估计
1	050103001001	喷灌管线安装	分管 ϕ40，43m 支管 ϕ32，57m 美国鱼鸟旋转喷头 2″，6 个 水表：1 个 低压塑料丝扣阀门：1 个	m	100			

（四）措施项目清单的编制

1. 措施项目清单必须根据相关工程现行国家计量规范的规定编制。

本规范已将“08 规范”中“通用项目措施一览表”中的内容列入相关工程的国家计量规范，因此，本条修改为“措施项目清单必须根据相关工程现行国家计量规范的规定编制”。

2. 措施项目清单的列项要求：

措施项目清单应根据拟建工程的实际情况列项。

由于新的相关工程的国家计量规范已将能计算工程量的措施项目采用单价项目的方式-分部分项工程项目清单的方式进行编制，并相应列出了项目编码、项目名称、项目特征、计量单位和工程量计算规则，对不能计算出工程量的措施项目，则采用总价项目的方式，以“项”为计量单位进行编制，并列出了工作内容及包含范围。因此，“08 规范”的此条规定已无意义，故删去。

鉴于工程建设施工特点和承包人组织施工生产的施工装备水平、施工方案及其管理水平的差异，同一工程、不同承包人组织施工采用的施工措施有时并不完全一致，因此，本条规定应根据拟建工程的实际情况列出措施项目。

（五）其他项目清单的编制

1. 其他项目清单的内容

其他项目清单宜按照下列内容列项：

（1）暂列金额；

（2）暂估价：包括材料暂估单价、工程设备暂估单价、专业工程暂估价；

（3）计日工；

（4）总承包服务费。

工程建设标准的高低、工程的复杂程度、工程的工期长短、工程的组成内容、发包人对工程管理要求等都直接影响其他项目清单的具体内容。

1）暂列金额在本规范明确定义是招标人暂定并包括在合同中的一笔款项，因为，不管采用何种合同形式，其理想的标准是，一份建设工程施工合同的价格就是其最终的竣工结算价格，或者至少两者应尽可能接近。我国规定对政府投资工程实行概算管理，经项目审批部门批复的设计概算是工程投资控制的刚性指标，即使是商业性开发项目也有成本的预先控制问题，否则，无法相对准确预到投资的收益和科学合理地进行投资控制。而工程建设自身的规律决定，设计需要根据工程进展不断地进行优化和调整，发包人的需求可能会随工程建设进展出现变化，工程建设过程还存在其他诸多不确定性因素，消化这些因素必然会影响合同价格的调整，暂列金额正是因应这类不可避免的价格调整而设立，以便合理确定工程造价的控制目标。有一种错误的观念认为，暂列金额列入合同价格就属于承包人（中标人）所有了。事实上，即便是总价包干合同，也不是列入合同价格的任何金额都属于中标人的，是否属于中标人应得金额取决于具体的合同约定，暂列金额从定义开始就明确，只有按照合同约定程序实际发生后，才能成为中标人的应得金额，纳入合同结算价款中。扣除实际发生金额后的暂列金额余额仍属于招标人所有。设立暂列金额并不能保证合同结算价格不会再出现超过已签约合同价的情况，是否超出已签约合同价完全取决于对暂列金额预测的准确性，以及工程建设过程是否出现了其他事先未预测到的事件。

2）暂估价是指招标阶段直至签订合同协议时，招标人在招标文件中提供的用于支付必然要发生但暂时不能确定价格的材料以及需另行发包的专业工程金额。其类似于FIDIC合同条款中的Prime Cost ltems，在招标阶段预见肯定要发生，只是因为标准不明确或者需要由专业承包人完成，暂时无法确定其价格或金额。

一般而言，为方便合同管理和计价，需要纳入分部分项工程量清单项目综合单价中的暂估价则最好只是材料费，以方便投标人组价，以“项”为计量单位给出的专业工程暂估价一般应是综合暂估价，应当包括除规费、税金以外的管理费、利润等。本规范正是按照这一思路设置条文的。

3）计日工是为了解决现场发生的零星工作的计价而设立的。国际上常见的标准合同条款中，大多数都设立了计日工（Daywork）计价机制。计日工以完成零星工作所消耗的人工工时、材料数量、机械台班进行计量，并按照计日工表中填报的适用项目的单价进行计价支付。计日工适用的所谓零星工作一般是指合同约定之外的或者因变更而产生的、工程量清单中没有相应项目的额外工作，尤其是那些时间不允许事先商定价格的额外工作。计日工为额外工作和变更的计价提供了一个方便快捷的途径。但是，在以往的实践中，计日工经常被忽略。其中一个主要原因是因为计日工项目的单价水平一般要高于工程量清单项目单价的水平。理论上讲，合理的计日工单价水平一定是高于工程量清单的价格水平，其原因在于计日工往往是用于一些突发性的额外工作，缺少计划性．承包人在调动施工生产资源方面难免不影响已经计划好的工作，生产资源的使用效率也有一定的降低，客观上造成超出常规的额外投入。另一方面，计日工清单往往忽略给出一个暂定的工程量，无法纳入有效的竞争，也是造成计日工单价水平偏高的原因之一。因此，为了获得合理的计日工单价，计日工表中一定要给出暂定数量，并且需要根据经验，尽可能估算一个比较贴近实际的数量。当然，尽可能把项目列全，防患于未然，也是值得充分重视的工作。

4）总承包服务费是为了解决招标人在法律、法规允许的条件下进行专业工程发包以及自行采购供应材料、设备时，要求总承包人对发包的专业工程提供协调和配合服务（如分包人使用总包人的脚手架、水电接驳等）；对供应的材料、设备提供收、发和保管服务以及对施工现场进行统一管理；对竣工资料进行统一汇总整理等发生并向总承包人支付的费用。招标人应当预计该项费用并按投标人的投标报价向投标人支付该项费用。

2. 暂列金额的计价原则

暂列金额应根据工程特点按有关计价规定估算。

为保证工程施工建设的顺利实施，应针对施工过程中可能出现的各种不确定因素对工程造价的影响，在招标控制价中估算一笔暂列金额。暂列金额可根据工程的复杂程度、设计深度、工程环境条件（包括地质、水文、气候条件等）进行估算，一般可按分部分项工程费和措施项目费的10％～15％为参考。

3. 暂估价的计价原则

暂估价中的材料、工程设备暂估单价应根据工程造价信息或参照市场价格估算，列出明细表；专业工程暂估价应分不同专业，按有关计价规定估算，列出明细表。

4. 计日工的编制原则

计日工应列出项目名称、计量单位和暂估数量。

5. 总承包服务费的编制原则

总承包服务费应列出服务项目及其内容等。

6. 其他项目清单的补充事项

出现本规范未列的项目，应根据工程实际情况补充。

本规范竣工结算中，就将索赔、现场签证列入了其他项目中。

（六）规费

1. 规费的内容

规费项目清单应按照下列内容列项：

1）社会保险费：包括养老保险费、失业保险费、医疗保险费、工伤保险费、生育保险费；

2）住房公积金；

3）工程排污费。

主要有以下几点内容：

1）根据《中华人民共和国社会保险法》的规定，将“08规范”使用的“社会保障费”更正为“社会保险费”，将“工伤保险费、生育保险费”列入社会保险费。

2）根据2011年4月22日十一届全国人大常委会第20次会议将《中华人民共和国建筑法》第四十八条规定的“建筑施工企业必须为从事危险作业的职工办理意外伤害保险，支付保险费”修改为“建筑施工企业应当依法为职工参加工伤保险缴纳工伤保险费。鼓励企业为从事危险作业的职工办理意外伤害保险，支付保险费”。鉴于建筑法将意外伤害保险由强制改为鼓励，因此，在规费中场加了工伤保险费，删除了意外伤害保险，列入企业管理费中列支。

3）根据《财政部、国家发展改革委关于公布取消和停止征收100项行政事业性收费项目的通知》（财综［2008］78号）的规定，工程定额测定费从2009年1月1日起取消，停止征收。因此，规费中取消了工程定额测定费。

2. 新增规费的列项要求

出现本规范未列的项目，应根据省级政府或省级有关部门的规定列项。

规费作为政府和有关权力部门规定必须缴纳的费用，政府和有关权力部门可根据形势发展的需要，对规费项目进行调整。因此，对本规范未包括的规费项目，在计算规费时应根据省级政府和省级有关权力部门的规定进行补充。

（七）税金

1. 计入建筑安装工程造价的税金内容

税金项目清单应包括下列内容：

1）营业税；

2）城市维护建设税；

3）教育费附加；

4）地方教育附加。

根据《财政部关于统一地方教育政策有关内容的通知》（财综［2010］98号）第一条规定：统一开征地方教育附加，因此，在税金中增列了此项目。

2. 新增税金的列项要求

出现本规范未列的项目，应根据税务部门的规定列项。

目前国家税法规定应计入建筑安装工程造价内的税种包括营业税、城市维护建设税、教育费附加和地方教育附加。当国家税法发生变化或地方政府及税务部门依据职权对税种进行调整时，应对税金项目清单进行相应调整。

三、招标控制价

（一）一般规定

1. 国有资金投资使用招标控制价的原则

国有资金投资的建设工程招标，招标人必须编制招标控制价。

国有资金投资的工程在进行招标时，根据《中华人民共和国招标投标法》第二十二条第二款的规定，“招标人设有标底的，标底必须保密”。但由于实行工程量清单招标后，由于招标方式的改变，标底保密这一法律法规已不能起到有效遏止哄抬标价的作用，我国有的地区和部门已经发生了在招标项目上所有投标人的报价均高于标底的现象，致使中标人的中标价高于招标人的预算，对招标工程的项目业主带来了困扰。因此，为有利于客观、合理的评审投标报价和避免哄抬标价，造成国有资产流失，招标人应编制招标控制价，作为招标人能够接受的最高交易价格。

2. 招标控制价的编制人

招标控制价应由具有编制能力的招标人，或受其委托具有相应资质的工程造价咨询人编制和复核。

工程造价咨询人接受招标人委托编制招标控制价，不得再就同一工程接受投标人委托编制投标报价。

所谓具有相应工程造价咨询资质的工程造价咨询人是指根据《工程造价咨询企业管理办法》（建设部令第149号）的规定，依法取得工程造价咨询企业资质，并在其资质许可的范围内接受招标人的委托，编制招标控制价的工程造价咨询企业。即取得甲级工程造价咨询资质的咨询人可承担各类建设项目的招标控制价编制，取得乙级（包括乙级暂定）工程造价咨询资质的咨询人，则只能承担5000万元以下的招标控制价的编制。

招标人应在发布招标文件时公布招标控制价，同时应将招标控制价及有关资料报送工程所在地或有该工程管辖权的行业管理部门工程造价管理机构备查。

3. 招标控制价的编制原则

招标控制价应按照本规范的规定编制，不应上调或下浮。

4. 招标控制价超概后应报审的要求

当招标控制价超过批准的概算时，招标人应将其报原概算审批部门审核。

5. 招标控制价的公布和备查事项

招标人应在发布招标文件时公布招标控制价，同时应将招标控制价及有关资料报送工程所在地或有该工程管辖权的行业管理部门工程造价管理机构备查。

招标控制价的编制特点和作用决定了招标控制价不同于标底，无需保密。作为国家投标限价，应事先告知投标人，供投标人权衡是否参与投标。规定将招标控制价送工程造价管理机构备查，以便加强对此的监管。

（二）编制与复核

1. 招标控制价编制依据

招标控制价应根据下列依据编制与复核：

1）本规范；

2）国家或省级、行业建设主管部门颁发的计价定额和计价办法；

3）建设工程设计文件及相关资料；

4）拟定的招标文件及招标工程量清单；

5）与建设项目相关的标准、规范、技术资料；

6）施工现场情况、工程特点及常规施工方案；

7）工程造价管理机构发布的工程造价信息，当工程造价信息没有发布时，参照市场价；

8）其他的相关资料。

与“08规范”相比，增加了“施工现场情况、工程特点及常规施工方案”，这一规定，对较为准确地编制招标控制价是十分必要的。

2. 综合单价的风险费用划分的责任人

综合单价中应包括招标文件中划分的应由投标人承担的风险范围及其费用。招标文件中没有明确的，如是工程造价咨询人编制，应提请招标人明确；如是招标人编制，应予明确。

3. 单价项目的计价原则

分部分项工程和措施项目中的单价项目，应根据拟定的招标文件和招标工程量清单项目中的特征描述及有关要求确定综合单价计算。

1）采用的工程量应是招标工程量清单提供的工程量；

2）综合单价应按本规范规定的依据确定；

3）招标文件提供了暂估单价的材料，应按招标文件确定的暂估单价计入综合单价；

4）综合单价中应包括招标文件中要求投标人承担的风险内容及其范围产生的风险费用。

4. 措施项目中总价项目的计价原则

措施项目中的总价项目应根据拟定的招标文件和常规施工方案按本规范的规定计价。

1）措施项目中的总价项目，应按本规范规定的依据计价，包括除规费、税金以外的全部费用。

2）措施项目费中的安全文明施工费应当按照国家或省级、行业建设主管部门的规定标准计价。

5. 其他项目费的计价原则

1）暂列金额应按招标工程量清单中列出的金额填写。

2）暂估价。暂估价中的材料、工程设备单价、控制价应按招标工程量清单列出的单价计入综合单价。

3）暂估价专业工程金额应按招标工程量清单列出的金额填写。

4）计日工。在编制招标控制价时，对计日工中的人工单价和施工机械台班单价应按省级、行业建设主管部门或其授权的工程造价管理机构公布的单价计算；材料应按工程造价管理机构发布的工程造价信息中的材料单价计算，工程造价信息未发布材料单价的材料，其价格应按市场调查确定的单价计算。

5）总承包服务费。编制招标控制价时，总承包服务费应按照省级或行业建设主管部门的规定计算，以下标准仅供参考：

① 招标人仅要求对总包人对其发包的专业工程进行施工现场协调和统一管理、对竣工资料进行统一汇总整理等服务时，按发包的专业工程估算造价的1.5%左右计算；

② 招标人要求总包人对其发包的专业工程进行总承包管理和协调，并同时要求提供配合服务时，根据招标文件列出的配合服务内容，按分包的专业工程估算造价的3%～5%计算；

③ 招标人自行供应材料的，按招标人供应材料价值的1%计算。

暂列金额、暂估价如招标工程量清单未列出金额或单价时，编制招标控制价时必须明确。

6. 规费和税金的计价原则

规费和税金应按国家或省级、行业建设主管部门规定的标准计算。

（三）投诉与处理

1. 投标人的投诉与处理

投标人经复核认为招标人公布的招标控制价未按照本规范的规定进行编制的，应在招标控制价公布后5天内向招投标监督机构和工程造价管理机构投诉。本条规定赋予了投标人对招标人不按“13规范”的规定编制招标控制价进行投诉的权利，为保证招标投标在法定时间内顺利进行，将“08规范”规定的“开标前5天”修改为“招标控制价公布后5天内”。

2. 投诉应采用的形式及内容

投诉人投诉时，应当提交由单位盖章和法定代表人或其委托人签名或盖章的书面投诉书。投诉书应包括下列内容：

1）投诉人与被投诉人的名称、地址及有效联系方式；

2）投诉的招标工程名称、具体事项及理由；

3）投诉依据及有关证明材料；

4）相关的请求及主张。

投诉人不得进行虚假、恶意投诉，阻碍招投标活动的正常进行。

3. 受理投诉的条件以及审查期限

工程造价管理机构在接到投诉书后应在 2 个工作日内进行审查，对有下列情况之一的，不予受理：

1）投诉人不是所投诉招标工程招标文件的收受人；

2）投诉书提交的时间不符合本规范规定的；

3）投诉书不符合本规范规定的；

4）投诉事项已进入行政复议或行政诉讼程序的。

4. 受理投诉的处理期限

工程造价管理机构应在不迟于结束审查的次日将是否受理投诉的决定书面通知投诉人、被投诉人以及负责该工程招投标监督的招投标管理机构。

5. 受理投诉后的复查

工程造价管理机构受理投诉后，应立即对招标控制价进行复查，组织投诉人、被投诉人或其委托的招标控制价编制人等单位人员对投诉问题逐一核对。有关当事人应当予以配合，并应保证所提供资料的真实性。

6. 受理投诉后的复查完成时限

工程造价管理机构应当在受理投诉的 10 天内完成复查，特殊情况下可适当延长，并作出书面结论通知投诉人、被投诉人及负责该工程招投标监督的招投标管理机构。

与“08 年规范”相比，本条是新增条文，对工程造价管理机构的受理投诉后的复查完成时限作了规定，以尽可能不延长招标时间。

7. 复查与公布的招标控制价误差

当招标控制价复查结论与原公布的招标控制价误差大于±3%时，应当责成招标人改正。

8. 招标控制价的重新公布

招标人根据招标控制价复查结论需要重新公布招标控制价的，其最终发布的时间至投标文件要求提交投标文件截止时间不足 15 天的，应相应延长投标文件的截止时间。

四、投标报价

（一）一般规定

1. 投标报价的编制主体

投标价应由投标人或受其委托具有相应资质的工程造价咨询人编制。

2. 投标报价的基本要求

投标人应依据本规范的规定自主确定投标报价。

投标报价编制和确定的最基本特征是投标人自主报价，它是市场竞争形成价格的体现。

3. 投标报价的基本原则

投标报价不得低于工程成本。

与“08规范”相比，将“投标报价不得低于工程成本”上升为强制性条文，并单列一条，将成本定义为工程成本，而不是企业成本，这就使判定投标报价是否低于成本有了一定的可操作性。

4. 投标报价对项目编码、项目名称、项目特征、计量单位、工程量的填写原则

投标人必须按招标人提供的工程量清单填报价格。填写的项目编码、项目名称、项目特征、计量单位、工程量必须与招标人提供的一致。

实行工程量清单招标，招标人在招标文件中提供工程量清单，其目的是使各投标人在投标报价中具有共同的竞争平台。因此，要求投标人在投标报价中填写的工程量清单的项目编码、项目名称、项目特征、计量单位、工程数量必须与招标工程量清单一致。需要说明的是，本规范已将“工程量清单”与“工程量清单计价表”两表合一，为避免出现差错，投标人最好按招标人提供的工程量清单与计价表直接填写价格。

5. 投标报价高于招标控制价的后果

投标人的投标报价高于招标控制价的应予废标。

（二）编制与复核

1. 投标报价的依据

投标报价应根据下列依据编制和复核：

（1）本规范；

（2）国家或省级、行业建设主管部门颁发的计价办法；

（3）企业定额，国家或省级、行业建设主管部门颁发的计价定额和计价办法；

（4）招标文件、招标工程量清单及其补充通知、答疑纪要；

（5）建设工程设计文件及相关资料；

（6）施工现场情况、工程特点及投标时拟定的施工组织设计或施工方案；

（7）与建设项目相关的标准、规范等技术资料；

（8）市场价格信息或工程造价管理机构发布的工程造价信息；

（9）其他的相关资料。

投标报价的特点：

1）本规范和国家或省级、行业建设主管部门颁发的计价办法应当执行；

2）使用定额应是企业定额，也可以使用国家或省级、行业建设主管部门颁发的计价定额；

3）采用价格应是市场价格，也可以使用工程造价管理机构发布的工程造价信息。

第1）个特点体现了强制性要求，第2）、3）两个特点则体现了企业自主确定投标报价的内涵。

2. 投标人对计价风险的提示要求

综合单价中应包括招标文件中划分的应由投标人承担的风险范围及其费用，招标文件中没有明确的，应提请招标人明确。

3. 单价项目综合单价的确定原则

分部分项工程和措施项目中的单价项目，应根据招标文件和招标工程量清单项目中的特征描述确定综合单价计算。

分部分项工程和措施项目中的单价项目最主要的是确定综合单价，包括：

（1）确定依据。确定分部分项工程量清单项目综合单价的最重要依据之一是该清单项目的特征描述，投标人投标报价时应依据招标文件和招标工程量清单项目中的特征描述确定综合单价计算。投标过程中，当出现招标工程量清单特征描述与设计图纸不符时，投标人应以工程量清单的项目特征描述为准，确定投标报价的综合单价。当施工中施工图纸或设计变更与招标工程量清单项目特征描述不一致时，发、承包双方应按实际施工的项目特征，依据合同约定重新确定综合单价。

（2）材料、工程设备暂估价。招标文件中提供了暂估单价的材料、工程设备，按暂估的单价进入综合单价。

（3）风险费用。招标文件中要求投标人承担的风险范围及其费用，招标文件中没有明确的，应提请招标人明确。在施工过程中，当出现的风险内容及其范围（幅度）在招标文件规定的范围（幅度）内时，合同价款不作调整。

4. 措施项目中的总价项目投标报价的原则

措施项目中的总价项目金额应根据招标文件及投标时拟定的施工组织设计或施工方案，按本规范的规定自主确定。其中安全文明施工费应按照本规范的规定确定。

由于各投标人拥有的施工装备、技术水平和采用的施工方法有所差异，招标人提出的措施项目清单是根据一般情况确定的，没有考虑不同投标人的“个性”，投标人投标时应根据自身编制的投标施工组织设计（或施工方案）确定措施项目，并对招标人提供的措施项目进行调整。投标人根据投标施工组织设计（或施工方案）调整和确定的措施项目应通过评标委员会的评审。

1）措施项目中的总价项目应采用综合单价方式报价，包括除规费、税金外的全部费用。

2）措施项目中的安全文明施工费应按照国家或省级、行业建设主管部门的规定计算确定。

措施项目费的计算包括：

1）措施项目的内容应依据招标人提供的措施项目清单和投标人投标时拟定的施工组织设计或施工方案；

2）措施项目费的计价方式应根据招标文件的规定，可以计算工程量的措施清单项目采用综合单价方式报价，其余的措施清单项目采用以“项”为计量单位的方式报价；

3）措施项目费由投标人自主确定，但其中安全文明施工费应按国家或省级、行业建设主管部门的规定确定。

5. 其他项目费投标报价的依据及原则

1）暂列金额应按照招标工程量清单中列出的金额填写；

2）暂估价不得变动和更改。材料、工程设备暂估价应按招标工程量清单中列出的单价计入综合单价；专业工程暂估价应按照招标工程量清单中列出的金额填写；

3）计日工应按照招标工程量清单列出的项目和数量，自主确定各项综合单价并计算计日工金额；

4）总承包服务费应依据招标工程量清单中列出的分包专业工程暂估价内容和供应材料、设备情况，按照招标人提出的协调、配合与服务要求和施工现场管理需要自主确定。

6. 规费和税金投标报价的原则

规费和税金的计取标准是依据有关法律、法规和政策规定制定的，具有强制性。投标人是法律、法规和政策的执行者，不能改变，更不能制定，而必须按照法律、法规、政策的有关规定执行。因此本条规定投标人在投标报价时必须按照国家或省级、行业建设主管部门的有关规定计算规费和税金。

7. 填报单价合同的注意事项

招标工程量清单与计价表中列明的所有需要填写单价和合价的项目，投标人均应填写且只允许有一个报价。未填写单价和合价的项目，可视为此项费用已包含在已标价工程量清单中其他项目的单价和合价之中。当竣工结算时，此项目不得重新组价予以调整。

实行工程量清单计价，投标人对招标人提供的工程量清单与计价表中所列的项目均为填写单价和合价，否则，将被视为此项费用亦包含在其他项目的单价和合价中，在竣工结算时，此项费用将不被承认。

8. 投标总价的计算原则

投标总价应当与分部分项工程费、措施项目费、其他项目费和规费、税金的合计金额一致。

实行工程量清单招标，投标人的投标总价应当与组成工程量清单的分部分项工程费、措施项目费、其他项目费和规费、税金的合计金额相一致，即投标人在进行工程量清单招标的投标报价时，不能进行投标总价优惠（或降价、让利），投标人对投标报价的任何优惠（或降价、让利）均应反映在相应清单项目的综合单价中。

五、合同价款约定

（一）一般规定

1. 约定工程价款的原则。实行招标的工程合同价款应在中标通知书发出之日起30天内，由发、承包双方依据招标文件和中标人的投标文件在书面合同中约定。

合同约定不得违背招标、投标文件中关于工期、造价、质量等方面的实质性内容。招标文件与中标人投标文件不一致的地方，应以投标文件为准。

不实行招标的工程合同价款，在发、承包双方认可的工程价款基础上，由发、承包双方在合同中约定。

合同约定不得违背招投标文件中关于工期、造价、资质等方面的实质性内容。但有的时候，招标文件与中标人的投标文件会不一致，因此，本条规定了招标文件与中标人的投标文件不一致的地方，以投标文件为准。因为，在工程招投标过程中，招标公告应视为要约邀请，投标文件为要约，中标通知书为承诺。因此，在签订建设工程合同时，当招标文件与中标人的投标文件有不一致的地方，应以投标文件为准。需要特别指出的是，招标人如与投标人签订不符合法律规定的合同，还将面临以下法律后果：

1）《中华人民共和国招标投标法》第五十九条规定“招标人与中标人不按照招标文件和中标人的投标文件订立合同的，或者招标人、中标人订立背离合同实质性内容的协议的，责令改正；可以处中标项目金额千分之五以上千分之十以下的罚款”。

2）最高人民法院《关于审理建设工程施工合同纠纷案件适用法律问题的解释》（法释［2004］14号）第二十一条规定："当事人就同一建设工程另行订立的建设工程施工合同与经过备案的中标合同实质性内容不一致的，应当以备案的中标合同作为结算工程价款的根据"。

2. 实行工程量清单计价的工程，应采用单价合同；建设规模较小，技术难度较低，工期较短，且施工图设计已审查批准的建设工程可采用总价合同；紧急抢险、救灾以及施工技术特别复杂的建设工程可采用成本加酬金合同。

1）根据工程量清单计价的特点，本条规定对实行工程量清单计价的工程，应采用单价合同，将"宜"改为"应"，用语更加严格。单价合同约定的合同价款中所包含的工程量清单项目综合单价在约定条件内是固定的，不予调整，工程量允许调整。工程量清单项目综合单价在约定的条件外，允许调整。但调整方式、方法应在合同中约定。

工程量清单计价是以工程量清单作为投标人投标报价和合同签订时签约合同价的唯一载体，采用单价合同形式时，经标价的工程量清单是合同文件必不可少的组成内容，其中的工程量在合同价款结算时按照合同中约定应予计量并实际完成的工程量计算进行调整，由招标人提供统一的工程量清单彰显了工程量清单计价的主要优点。

2）所谓总价合同是指总价包干或总价不变合同，适用于建设规模不大、技术难度较低、工期较短、施工图纸已审查批准的工程项目。按照财政部、建设部印发的《建设工程价款结算暂行办法》（财建［2004］369号）第八条的规定："合同工期较短且工程合同总价较低的工程，可以采用固定总价合同方式"。实践中，对此如何具体界定还须作出规定，如有的省就规定工期半年以内，工程施工合同总价200万元以内，施工图纸已经审查完备的工程施工发、承包可以采用总价合同。

3）所谓成本加酬金合同是承包人不承担任何价格变化风险的合同。因此，适用于时间特别紧迫，来不及进行行详细的计划和商谈，例如抢险、救突工程，以及工程施工技术特别复杂的建设工程。

（二）约定内容

1. 合同价款的约定事项。发承包双方应在合同条款中对下列事项进行约定：

1）预付工程款的数额、支付时间及抵扣方式；

2）安全文明施工措施的支付计划，使用要求等；

3）工程计量与支付工程进度款的方式、数额及时间；

4）工程价款的调整因素、方法、程序、支付及时间；

5）施工索赔与现场签证的程序、金额确认与支付时间；

6）承担计价风险的内容、范围以及超出约定内容、范围的调整办法；

7）工程竣工价款结算编制与核对、支付及时间；

8）工程质量保证金的数额、预留方式及时间；

9）违约责任以及发生合同价款争议的解决方法及时间；

10）与履行合同、支付价款有关的其他事项等。

《中华人民共和国建筑法》第十八条规定："建筑工程造价应当按照国家有关规定，由发包单位与承包单位在合同中约定。公开招标发包的，其造价的约定，须遵守招标投标法律的规定"。依据财政部、建设部印发的《建设工程价款结算暂行办法》（财建［2004］

369号）第七条的规定，本条规定了发承包双方应在合同中对工程价款进行约定的基本事项。

1）预付工程款。是发包人为解决承包人在施工准备阶段资金周转问题提供的协助。如使用的水泥、钢材等大宗材料，可根据工程具体情况设置工程材料预付款。应在合同中约定预付款数额：可以是绝对数，如50万、100万，也可以是额度，如合同金额的10%、15%等；约定支付时间：如合同签订后一个月支付、开工日前7天支付等；约定抵扣方式：如在工程进度款中按比例抵扣；约定违约责任：如不按合同约定支付预付款的利息计算，违约责任等。

2）安全文明施工费。约定支付计划、使用要求等。

3）工程计量与进度款支付。应在合同中约定计量时间和方式：可按月计量，如每月30日，可按工程形象部位（目标）划分分段计量，如±0以下基础及地下室、主体结构1层～3层、4层～6层等。进度款支付周期与计量周期保持一致，约定支付时间：如计量后7天、10天支付；约定支付数额：如已完工作量的70%、80%等；约定违约责任：如不按合同约定支付进度款的利率，违约责任等。

4）合同价款的调整。约定调整因素：如工程变更后综合单价调整，钢材价格上涨超过投标报价时的3%，工程造价管理机构发布的人工费调整等；约定调整方法：如结算时一次调整，材料采购时报发包人调整等；约定调整程序：承包人提交调整报告交发包人，由发包人现场代表审核签字等；约定支付时间与工程进度款支付同时进行等。

5）索赔与现场签证。约定索赔与现场签证的程序：如由承包人提出、发包人现场代表或授权的监理工程师核对等；约定索赔提出时间：如知道索赔事件发生后的28天内等；约定核对时间：收到索赔报告后7天以内、10天以内等；约定支付时间：原则上与工程进度款同期支付等。

6）承担风险。约定风险的内容范围：如全部材料、主要材料等；约定物价变化调整幅度：如钢材、水泥价格涨幅超过投标报价3%，其他材料超过投标报价的5%等。

7）工程竣工结算。约定承包人在什么时间提交竣工结算书，发包人或其委托的工程造价咨询企业，在什么时间内核对，核对完毕后，什么时间内支付等。

8）工程质量保证金。在合同中约定数额：如合同价款的3%等；约定预付方式：竣工结算一次扣清等；约定归还时间：如质量缺陷期退还等。

9）合同价款争议。约定解决价款争议的办法：是协商还是调解，如调解由哪个机构调解；如在合同中约定仲裁，应标明具体的仲裁机关名称，以免仲裁条款无效，约定诉讼等。

10）其他事项。

需要说明的是，合同中涉及价款的事项较多，能够详细约定的事项应尽可能具体约定，约定的用词应尽可能唯一，如有几种解释，最好对用词进行定义，尽量避免因理解上的歧义造成合同纠纷。

2. 不明争议的处理方式合同中没有按照本规范的要求约定或约定不明的，若发承包双方在合同履行中发生争议由双方协商确定；当协商不能达成一致时，应按本规范的规定执行。

《中华人民共和国合同法》第六十一条规定："合同生效后，当事人就质量、价款或者报酬、履行地点等内容没有约定或者约定不明确的，可以协议补充；不能达成补充协议的，按照合同有关条款或交易习惯确定”。

《最高人民法院关于审理建设工程施工合同纠纷案件适用法律问题的解释》第十六条第二款规定：“因设计变更导致建设工程的工程量或者质量标准发生变化，当事人对该部分工程价款不能协商一致的，可以参照签订建设工程施工合同同时当地建设行政主管部门发布的计价方式或者计价标准结算工程价款”。

本条针对当前工程合同中对有关工程价款的事项约定不清楚、约定不明确，甚至没有约定，造成合同纠纷的实际，特别规定了“合同中没有约定或约定不明的，由双方协商确定；当协商不能达成一致时，应按本规范执行”。

六、工程计量

（一）一般规定

1. 工程量计算的原则

工程量必须按照相关工程现行国家计量规范规定的工程量计算规则计算。

与“08年规范”相比，本条是新增条文。正确的计量是发包人箱承包人制度合同价款的前提和依据。本条明确规定了不论何种计价方式，其工程量必须按照相关工程的现行国家计量规范规定的工程量计算。采用全国统一的工程量计算规则，对于规范工程建设各方的计量计价行为，有效减少计算争议具有十分重要的意义。

当前的工程计量的国家标准还不完善，如还没有国家计量标准的专业工程，可以选用行业标准或地方标准。

2. 工程计量的方式

工程计量可选择按月或按工程形象进度分段计量，具体计量周期应在合同中约定。

工程量正确计算是合同价款支付的前提和依据，而选择恰当的计量方式对于正确计量十分必要，由于工程建设具有投资大、周期长等特点，因此，工程计量以及价款支付是通过“阶梯小结、最终结清”来体现的。所谓阶段小结可以时间节点来划分，即按月计量；也可以形象节点来划分，即按工程形象进度分段计量。

按工程形象进度分段计量与按月计量相比，其计量结果更具有稳定性，可以简化竣工结算。但工程形象进度分段的时间应与按月计量保持一定关系，不应过长。

3. 不计量范围

未按合同约定施工的计量后果因承包人原因造成的超出合同工程范围施工或返工的工程量，发包人不予计量。

4. 成本加酬金的计量方式

成本加酬金合同应按本规范的规定计量

（二）单价合同的计量

1. 工程结算的确定原则

工程量必须以承包人完成合同工程应予计量的工程量确定。

招标工程量清单标明的工程量时招标人根据拟建工程设计文件预计的工程量，不能作为承包人在履行合同义务中应予完成的实际和准确工程量。在招标文件中工程量清单所列的工程量，一方面是各投标人进行投标报价的共同基础，另一方面也是对各投标人的投标报价进行评审的共同平台，是招投标活动应当遵循公开、公平、公正和诚实、信用原则的具体体现。

2. 改正工程量清单错漏的计量原则

施工中进行工程计量，当发现招标工程量清单中出现缺项、工程量偏差，或因工程变更引起工程量增减时，应按承包人在履行合同义务中完成的工程量计算。

招标人提供的招标工程量清单，应当被认为是准确的和完整的。但在实际工作中，难免会出现疏漏，工程建设的特点也决定了难免会出现变更。因此，为体现合同的公平，工程量应按承包人在履行合同义务过程中实际完成的工程量计量。若发现工程量清单中出现漏项、工程量计算偏差，以及工程变更引起工程量的增减变化应按实调整。

3. 工程计量的应承担的责任

承包人应当按照合同约定的计量周期和时间向发包人提交当期已完工程量报告。发包人应在收到报告后 7 天内核实，并将核实计量结果通知承包人。发包人未在约定时间内进行核实的，承包人提交的计量报告中所列的工程量应视为承包人实际完成的工程量。

4. 现场计量核实的要求事项

发包人认为需要进行现场计量核实时，应在计量前 24 小时通知承包人，承包人应为计量提供便利条件并派人参加。当双方均同意核实结果时，双方应在上述记录上签字确认。承包人收到通知后不派人参加计量，视为认可发包人的计量核实结果。发包人不按照约定时间通知承包人，致使承包人未能派人参加计量，计量核实结果无效。

5. 工程计量结果汇总的要求

承包人完成已标价工程量清单中每个项目的工程量并经发包人核实无误后，发承包双方应对每个项目的历次计量报表进行汇总，以核实最终结算工程量。并应在汇总表上签字确认。

（三）总价合同的计量

1. 总价合同的计量原则

采用工程量清单方式招标形成的总价合同，其工程量应按照本规范的规定计算。

与“08 规范”相比，本条是新增条文。

采用经审定批准的施工图纸及其预算方式发包形成的总价合同，除按照工程变更规定的工程量增减外，总价合同各项目的工程量应为承包人用于结算的最终工程量。

由于承包人自行对施工图纸进行计量，除按照工程变更规定的工程量增减外，总价合同各项目的工程量是承包人用于结算的最终工程量。这是与单价合同的最本质区分。

2. 总价合同计量的依据

总价合同约定的项目计量应以合同工程经审定批准的施工图纸为依据，发承包双方应在合同中约定工程计量的形象目标或时间节点进行计量。

3. 承包人对总价合同计量的程序

承包人应在合同约定的每个计量周期内对已完成的工程进行计量，并向发包人提交达到工程形象目标完成的工程量和有关计量资料的报告。

4. 发包人对总价合同计量复核的程序

发包人应在收到报告后 7 天内对承包人提交的上述资料进行复核，以确定实际完成的工程量和工程形象目标。对其有异议的，应通知承包人进行共同复核。

七、合同价款调整

（一）一般规定

1. 合同价款调整的事项

1）法律法规变化；

2）工程变更；

3）项目特征不符；

4）工程量清单缺项；

5）工程量偏差；

6）计日工；

7）物价变化；

8）暂估价；

9）不可抗力；

10）提前竣工（赶工补偿）；

11）误期赔偿；

12）索赔；

13）现场签证；

14）暂列金额；

15）发承包双方约定的其他调整事项。

发承包双方按照合同约定调整合同价款的若干事项，大致包括5大类：一是法规变化类；二是工程变更类；三是物价变化类；四是工程索赔类；五是其他类。现场签证根据签证内容，有的可归于工程变更类，有的可归类于索赔类，有的不涉及价款调整。

2. 合同价款的时限要求

1）出现合同价款调增事项（不含工程量偏差、计日工、现场签证、索赔）后的14天内，承包人应向发包人提交合同价款调增报告并附上相关资料；承包人在14天内未提交合同价款调增报告的，应视为承包人对该事项不存在调整价款请求。

承包人在合同约定或本规范规定的时间内向发包人提交合同价款调增报告并附上相关资料，若承包人未提交合同价款调增报告的，视为承包人认为对该事项不存在调整价款，或放弃其调增价款的权利。

工程量偏差的调整在竣工结算完成之间均可提出，因此不应包含工程量偏差。不含计日工、现场签证、索赔是因为其时限在其专门条文中另有规定。

2）出现合同价款调减事项（不含工程量偏差、索赔）后的14天内，发包人应向承包人提交合同价款调减报告并附相关资料，发包人在14天内未提交合同价款调减报告的，应视为发包人对该事项不存在调整价款请求。

发包人应在合同约定或本规范规定的时间内向承包人提交合同价款调减报告并附上相关资料，若发包人在未提交合同价款调减报告的，视为发包人认为该事项不存在调整价款，或放弃其调减合同价款的权利。

3. 合同价款调整的核实程序

发（承）包人应在收到承（发）包人合同价款调增（减）报告及相关资料之日起14天内对其核实，予以确认的应书面通知承（发）包人。当有疑问时，应向承（发）包人提出协商意见。

发（承）包人在收到合同价款调增（减）报告之日起14天内未确认也未提出协商意见的，应视为承（发）包人提交的合同价款调增（减）报告已被发（承）包人认可。

发（承）包人提出协商意见的，承（发）包人应在收到协商意见后的14天内对其核实，予以确认的应书面通知发（承）包人。

承（发）包人在收到发（承）包人的协商意见后14天内既不确认也未提出不同意见的，应视为发（承）包人提出的意见已被承（发）包人认可。

4. 对合同价款调整的不同意见的履约义务

发包人与承包人对合同价款调整的不同意见不能达成一致的，只要对发承包双方履约不产生实质影响，双方应继续履行合同义务，直到其按照合同约定的争议解决方式得到处理。

5. 工程价款调整后的支付原则

经发承包双方确认调整的合同价款，作为追加（减）合同价款，应与工程进度款或结算款同期支付。

按照财政部、建设部印发的《建设工程价款结算暂行办法》（财建［2004］369号）第十五条的规定："发包人和承包人要加强施工现场的总价控制，及时对工程合同外的事项如是纪录并履行书面手续。凡由发、承包双方授权的现场代表签字的现场签证以及发、承包双方协商确定的索赔等费用应在工程竣工结算中如实办理，不得因发、承包双方现场代表的中途变更改变其有效性"。

（二）法律法规变化

1. 合同价款调整的调整原则

招标工程以投标截止日前28天、非招标工程以合同签订前28天为基准日，其后因国家的法律、法规、规章和政策发生变化引起工程造价增减变化的，发承包双方应按照省级或行业建设主管部门或其授权的工程造价管理机构据此发布的规定调整合同价款。

工程建设过程中，发、承包双方都是国家法律、法规、规章及政策的执行者。因此，在发、承包双方履行合同的过程中，当国家的法律、法规、规章及政策发生变化，国家或省级、行业建设主管部门或其授权的工程造价管理机构据此发布的工程造价调整文件，工程价款应当进行调整。

需要说明的是，本条规定与有的合同范本仅规定法律、法规变化相比，增加了规章和政策这一词汇，这是与我国的国情相联系的：因为按照规定，国务院或国家发改委、财政部，省级人民政府或省级财政、物价主管部门在授权范围内，通常以政策文件的方式制定或调整行政事业性收费项目或费率，这些行政事业性收费进入工程造价，当然也应该对合同价款进行调整。

2. 对工期延误的调整

因承包人原因导致工期延误的，按本规范规定的调整时间，在合同工程原定竣工时间之后，合同价款调增的不予调整，合同价款调减的予以调整。

由于承包人原因导致工期延误，按不利于承包人的原则调整合同价款。

（三）工程变更

1. 新的综合单价的确定方法

因工程变更引起已标价工程量清单项目或其工程数量发生变化时，应按照下列规定调整：

1）已标价工程量清单中有适用于变更工程项目的，应采用该项目的单价；但当工程变更导致该清单项目的工程数量发生变化，且工程量偏差超过15%时，该项目单价应按照本规范的规定调整。

2）已标价工程量清单中没有适用但有类似于变更工程项目的，可在合理范围内参照类似项目的单价。

3）已标价工程量清单中没有适用也没有类似于变更工程项目的，应由承包人根据变更工程资料、计量规则和计价办法、工程造价管理机构发布的信息价格和承包人报价浮动率提出变更工程项目的单价，并应报发包人确认后调整。承包人报价浮动率可按下列公式计算：

招标工程：

承包人报价浮动率 $L=(1-中标价/招标控制价)\times 100\%$

非招标工程：

承包人报价浮动率 $L=(1-报价/施工图预算)\times 100\%$

4）已标价工程量清单中没有适用也没有类似于变更工程项目，且工程造价管理机构发布的信息价格缺价的，应由承包人根据变更工程资料、计量规则、计价办法和通过市场调查等取得有合法依据的市场价格提出变更工程项目的单价，并应报发包人确认后调整。

分部分项工程量清单的漏项或非承包人原因引起的工程变更，造成增加新的工程量清单项目时，新增项目综合单价的确定原则。这一原则是以已标价工程量清单为依据的。

①直接采用适用的项目单价的前提是其采用的材料、施工工艺和方法相同，亦不因此增加关键线路上工程的施工时间；

②采用适用的项目单价的前提是其采用的材料、施工工艺和方法基本相似，不增加关键线路上工程的施工时间，可仅就其变更后的差异部分，参考类似的项目单价由发、承包双方协商新的项目单价；

③无法找到适用和类似的项目单价时，应采用招投标时的基础资料，按成本加利润的原则，由发、承包双方协商新的综合单价。

④无法找到适用和类似项目单价、工程造价管理机构也没有发布此类信息价格，由发承包双方协商确定。

2. 措施费发生变化的调整原则

工程变更引起施工方案改变并使措施项目发生变化时，承包人提出调整措施项目费的，应事先将拟实施的方案提交发包人确认，并应详细说明与原方案措施项目相比的变化情况。拟实施的方案经发承包双方确认后执行，并应按照下列规定调整措施项目费：

1）安全文明施工费应按照实际发生变化的措施项目依据本规范的规定计算。

2）采用单价计算的措施项目费，应按照实际发生变化的措施项目，按本规范的规定确定单价。

3）按总价（或系数）计算的措施项目费，按照实际发生变化的措施项目调整，但应考虑承包人报价浮动因素，即调整金额按照实际调整金额乘以本规范规定的承包人报价浮动率计算。

如果承包人未事先将拟实施的方案提交给发包人确认，则应视为工程变更不引起措施项目费的调整或承包人放弃调整措施项目费的权利。

3. 删减合同工作的补偿要求

当发包人提出的工程变更因非承包人原因删减了合同中的某项原定工作或工程，致使承包人发生的费用或（和）得到的收益不能被包括在其他已支付或应支付的项目中，也未被包含在任何替代的工作或工程中时，承包人有权提出并应得到合理的费用及利润补偿。

发包人以变更的名义将取消的工作转由自己或其他人实施，构成违约，按照《中华人民共和国合同法》第一百一十三条规定，"当事人一方不履行合同义务或者履行合同义务不符合规定，给对方造成损失的，损失赔偿额应当相当于因违约所造成的损失，包括合同履行以后获得利益，但不得超过违反合同一方订立合同时预见到或者应当预见到的因违反合同可能造成的损失"。主要是为了维护合同公平，防止某些发包人在签约后擅自取消合同中的工作，转由发包人或者其他承包人实施而使本合同工程承包人蒙受损失。

（四）项目特征不符

1. 项目特征描述的要求

发包人在招标工程量清单中对项目特征的描述，应被认为是准确的和全面的，并且与实际施工要求相符合。承包人应按照发包人提供的招标工程量清单，根据项目特征描述的内容及有关要求实施合同工程，直到项目被改变为止。

项目特征是构成清单项目价值的本质特征，单价的高低与其具有必然联系。因此，发包人在招标工程量清单中对项目特征的描述，应被认为是准确的和全面的，并且与实际施工要求相符合，否则，承包人无法报价。

2. 综合单价的重新确定要求

承包人应按照发包人提供的设计图纸实施合同工程，若在合同履行期间出现设计图纸（含设计变更）与招标工程量清单任一项目的特征描述不符，且该变化引起该项目工程造价增减变化的，应按照实际施工的项目特征，按新的相关条款的规定重新确定相应工程量清单项目的综合单价，并调整合同价款。

（五）工程量清单缺项

1. 新增分部分项工程项目清单的调整原则。合同履行期间，由于招标工程量清单中缺项，新增分部分项工程量清单项目的，应按照本规范的规定确定单价，并调整合同价款。

2. 新增分部分项工程清单项目后，引起措施项目发生变化的，应按照本规范的规定，在承包人提交的实施方案被发包人批准后调整合同价款。

3. 新增措施项目清单的调价原则。由于招标工程量清单中措施项目缺项，承包人应将新增措施项目实施方案提交发包人批准后，按照本规范的规定调整合同价款。

（六）工程量偏差

1. 量差的调整方法

合同履行期间，当应予计算的实际工程量与招标工程量清单出现偏差，且符合本规范规定时，发承包双方应调整合同价款。

2. 偏差超过15％时的调整方法

对于任一招标工程量清单项目，当因本节规定的工程量偏差和第9.3节规定的工程变更等原因导致工程量偏差超过15%时，可进行调整。当工程量增加15%以上时，增加部分的工程量的综合单价应予调低；当工程量减少15%以上时，减少后剩余部分的工程量的综合单价应予调高。

工程量偏差超过15%时，可以参考以下公式：

1）当 $Q_1>1.15Q_0$ 时：

$$S=1.15Q_0\times P_0+(Q_1-1.15Q_0)\times P_1$$

2）当 $Q_1<0.85Q_0$ 时：

$$S=Q_1\times P_1$$

式中　S——调整后的某一分部分项工程费结算价；

Q_1——最终完成的工程量；

Q_0——招标工程量清单中列出的工程量；

P_1——按照最终完成工程量重新调整后的综合单价；

P_0——承包人在工程量清单中填报的综合单价。

采用上述两式的关键是确定新的综合单价，即 P_1。确定的方法，一是发承包双方协商确定，二是与招标控制价相联系，当工程量偏差项目出现承包人在工程量清单中填报的综合单价与发包人招标控制价相应清单项目的综合单价偏差超过15%时，工程量偏差项目综合单价的调整可参考以下公式：

3）当 $P_0<P_2\times(1-L)\times(1-15\%)$ 时，该类项目的综合单价：

P_1 按照 $P_2\times(1-L)\times(1-15\%)$ 调整

4）当 $P_0>P_2\times(1+15\%)$ 时，该类项目的综合单价：

P_1 按照 $P_2\times(1+15\%)$ 调整

式中　P_0——承包人在工程量清单中填报的综合单价。

P_2——发包人招标控制价相应项目的综合单价；

L——承包人报价浮动率。

3. 当工程量出现本规范的变化，且该变化引起相关措施项目相应发生变化时，按系数或单一总价方式计价的，工程量增加的措施项目费调增，工程量减少的措施项目费调减。

（七）计日工

1. 计日工、发包人执行的要求

发包人通知承包人以计日工方式实施的零星工作，承包人应予执行。

2. 计日工报表的内容

采用计日工计价的任何一项变更工作，在该项变更的实施过程中，承包人应按合同约定提交下列报表和有关凭证送发包人复核：

1）工作名称、内容和数量；

2）投入该工作所有人员的姓名、工种、级别和耗用工时；

3）投入该工作的材料名称、类别和数量；

4）投入该工作的施工设备型号、台数和耗用台时；

5）发包人要求提交的其他资料和凭证。

3. 计日工生效计价的原则

任一计日工项目持续进行时，承包人应在该项工作实施结束后的 24 小时内向发包人提交有计日工记录汇总的现场签证报告一式三份。发包人在收到承包人提交现场签证报告后的 2 天内予以确认并将其中一份返还给承包人，作为计日工计价和支付的依据。发包人逾期未确认也未提出修改意见的，应视为承包人提交的现场签证报告已被发包人认可。

4. 计日工计价的原则

任一计日工项目实施结束后，承包人应按照确认的计日工现场签证报告核实该类项目的工程数量，并应根据核实的工程数量和承包人已标价工程量清单中的计日工单价计算，提出应付价款；已标价工程量清单中没有该类计日工单价的，由发承包双方按本规范第 9.3 节的规定商定计日工单价计算。

5. 计日工价款的支付原则

每个支付期末，承包人应按照本规范第 10.3 节的规定向发包人提交本期间所有计日工记录的签证汇总表，并应说明本期间自己认为有权得到的计日工金额，调整合同价款，列入进度款支付。

（八）物价变化

1. 物价波动时的合同价款调整方法

合同履行期间，因人工、材料、工程设备、机械台班价格波动影响合同价款时，应根据合同约定，按本规范的方法之一调整合同价款。

2. 材料、工程设备的价格调整方法

承包人采购材料和工程设备的，应在合同中约定主要材料、工程设备价格变化的范围或幅度；当没有约定，且材料、工程设备单价变化超过 5%时，超过部分的价格应按照本规范的方法计算调整材料、工程设备费。

3. 工期延误时合同价款的调整原则

发生合同工程工期延误的，应按照下列规定确定合同履行期的价格调整：

1）因非承包人原因导致工期延误的，计划进度日期后续工程的价格，应采用计划进度日期与实际进度日期两者的较高者。

2）因承包人原因导致工期延误的，计划进度日期后续工程的价格，应采用计划进度日期与实际进度日期两者的较低者。

4. 供应材料的调整要求

发包人供应材料和工程设备的，不适用本规范规定，应由发包人按照实际变化调整，列入合同工程的工程造价内。

（九）暂估价

1. 依法招标暂估价的确定原则

发包人在招标工程量清单中给定暂估价的材料、工程设备属于依法必须招标的，应由发承包双方以招标的方式选择供应商，确定价格，并应以此为依据取代暂估价，调整合同价款。

2. 依法可不招标暂估价的确定原则

发包人在招标工程量清单中给定暂估价的材料、工程设备不属于依法必须招标的，应由承包人按照合同约定采购，经发包人确认单价后取代暂估价，调整合同价款。

暂估材料或工程设备的单价确定后，在综合单价中只应取代原暂估单价，不应再在综合单价中涉及企业管理费或利润等其他费用的变动。

3. 依法可不招标的专业工程暂估价的确定原则

发包人在工程量清单中给定暂估价的专业工程不属于依法必须招标的，应按照本规范第9.3节相应条款的规定确定专业工程价款，并应以此为依据取代专业工程暂估价，调整合同价款。

4. 依法招标的专业工程暂估价的确定原则

发包人在招标工程量清单中给定暂估价的专业工程，依法必须招标的，应当由发承包双方依法组织招标选择专业分包人，并接受有管辖权的建设工程招标投标管理机构的监督，还应符合下列要求：

1）除合同另有约定外，承包人不参加投标的专业工程发包招标，应由承包人作为招标人，但拟定的招标文件、评标工作、评标结果应报送发包人批准。与组织招标工作有关的费用应当被认为已经包括在承包人的签约合同价（投标总报价）中。

2）承包人参加投标的专业工程发包招标，应由发包人作为招标人，与组织招标工作有关的费用由发包人承担。同等条件下，应优先选择承包人中标。

3）应以专业工程发包中标价为依据取代专业工程暂估价，调整合同价款。

总承包招标时，专业工程设计深度往往是不够的，一般需要交由专业设计人设计。出于提高可建造性考虑，国际上一般由专业承包人负责设计，以纳入其专业技能和专业施工经验。这类专业工程交由专业分包人完成是国际工程的良好实践，目前在我国工程建设领域也已经比较普遍。公开透明地合理确定这类暂估价的实际开支金额的最佳途径就是通过总承包人与建设项目招标人共同组织的招标。

（十）不可抗力

1. 工程价款的调整要求。因不可抗力事件导致的人员伤亡、财产损失及其费用增加，发承包双方应按下列原则分别承担并调整合同价款和工期：

1）合同工程本身的损害、因工程损害导致第三方人员伤亡和财产损失以及运至施工场地用于施工的材料和待安装的设备的损害，应由发包人承担；

2）发包人、承包人人员伤亡应由其所在单位负责，并应承担相应费用；

3）承包人的施工机械设备损坏及停工损失，应由承包人承担；

4）停工期间，承包人应发包人要求留在施工场地的必要的管理人员及保卫人员的费用应由发包人承担；

5）工程所需清理、修复费用，应由发包人承担。

2. 不可抗力解除后复工的，若不能按期竣工，应合理延长工期。发包人要求赶工的，赶工费用应由发包人承担。

3. 解除合同后的价款结算原则。因不可抗力解除合同的，应按本规范的规定办理。

（十一）提前竣工（赶工补偿）

1. 招标人应依据相关工程的工期定额合理计算工期，压缩的工期天数不得超过定额工期的20%，超过者，应在招标文件中明示增加赶工费用。

2. 发包人要求合同工程提前竣工的，应征得承包人同意后与承包人商定采取加快工程进度的措施，并应修订合同工程进度计划。发包人应承担承包人由此增加的提前竣工

（赶工补偿）费用。

3. 发承包双方应在合同中约定提前竣工每日历天应补偿额度，此项费用应作为增加合同价款列入竣工结算文件中，应与结算款一并支付。

为了保证工程质量，承包人除了根据标准规范、施工图纸进行施工外，还应当按照科学合理的施工组织设计，按部就班地进行施工作业。因为有些施工流程必须有一定的时间间隔，所以，《建设工程质量管理条例》第十条规定："建设工程发包单位不得迫使承包方以低于成本的价格竞标，不得任意压缩合理工期"。

（十二）误期赔偿

1. 承包人未按照合同约定施工，导致实际进度迟于计划进度的，承包人应加快进度，实现合同工期。

合同工程发生误期，承包人应赔偿发包人由此造成的损失，并应按照合同约定向发包人支付误期赔偿费。即使承包人支付误期赔偿费，也不能免除承包人按照合同约定应承担的任何责任和应履行的任何义务。

2. 发承包双方应在合同中约定误期赔偿费，并应明确每日历天应赔额度。误期赔偿费应列入竣工结算文件中，并应在结算款中扣除。

3. 在工程竣工之前，合同工程内的某单项（位）工程已通过了竣工验收，且该单项（位）工程接收证书中表明的竣工日期并未延误，而是合同工程的其他部分产生了工期延误时，误期赔偿费应按照已颁发工程接收证书的单项（位）工程造价占合同价款的比例幅度予以扣减。

如果承包人未按照合同约定施工，导致实际进度迟于计划进度的，承包人应加快进度，实现合同工期。即使承包人采取了赶工措施，赶工费用应由承包人承担。如合同工程仍然误期，承包人应赔偿发包人由此造成的损失，并按照合同约定向发包人支付误期赔偿费。

（十三）索赔

1. 索赔的条件

合同一方向另一方提出索赔时，应有正当的索赔理由和有效证据，并应符合合同的相关约定。

建设工程施工中的索赔是发、承包双方行使正当权利的行为，承包人可向发包人索赔，发包人也可向承包人索赔。本条规定了索赔的三要素：一是正当的索赔理由；二是有效的索赔证据；三是在合同约定的时间内提出。

任何索赔事件的确立，其前提条件是必须有正当的索赔理由。对正当索赔理由的说明必须具有证据，因为进行索赔主要是靠证据说话。没有证据或证据不足，索赔是难以成功的。

对索赔证据的要求：

1）真实性。索赔证据必须是在实施合同过程中确定存在和发生的，必须完全反映实际情况，能经得住推敲。

2）全面性。所提供的证据应能说明事件的全过程。索赔报告中涉及的索赔理由、事件过程、影响、索赔数额等都应有相应证据，不能零乱和支离破碎。

3）关联性。索赔的证据应当能够互相说明，相互具有关联性，不能互相矛盾。

4）及时性。索赔证据的取得及提出应当及时，符合合同约定。

5）具有法律证明效力。一般要求证据必须是书面文件，有关记录、协议、纪要必须是双方签署的；工程中重大事件、特殊情况的记录、统计必须由合同约定的发包人现场代表或监理工程师签证认可。

2. 承包人向发包人索赔的要求

根据合同约定，承包人认为非承包人原因发生的事件造成了承包人的损失，应按下列程序向发包人提出索赔：

1）承包人应在知道或应当知道索赔事件发生后28天内，向发包人提交索赔意向通知书，说明发生索赔事件的事由。承包人逾期未发出索赔意向通知书的，丧失索赔的权利。

2）承包人应在发出索赔意向通知书后28天内，向发包人正式提交索赔通知书。索赔通知书应详细说明索赔理由和要求，并应附必要的记录和证明材料。

3）索赔事件具有连续影响的，承包人应继续提交延续索赔通知，说明连续影响的实际情况和记录。

4）在索赔事件影响结束后的28天内，承包人应向发包人提交最终索赔通知书，说明最终索赔要求，并应附必要的记录和证明材料。

本条实质上规定的是单项索赔，单项索赔就是采取一事一索赔的方式，即在每一件索赔事项发生后，递交索赔通知书，编报索赔报告书，要求单项解决支付，不与其他的索赔事项混在一起。单项索赔是施工索赔通常采用的方式。它避免了多项索赔的相互影响制约，所以解决起来比较容易。

有时，由于施工过程中受到非常严重的干扰，以致承包人的全部施工活动与原来的计划大不相同，原合同规定的工作与变更后的工作相互混淆，承包人无法为索赔保持准确而详细的成本记录资料，无法分辨哪些费用是原定的，哪些费用是新增的，在这种条件下，无法采用单项索赔的方式。而只能采用综合索赔。综合索赔又称总索赔，俗称一揽子索赔。即对整个工程（或某项工程）中所发生的数起索赔事项，综合在一起进行索赔。采取这种方式进行索赔，是在特定的情况下被迫采用的一种索赔方法。

采取综合索赔时，承包人必须提出以下证明：①承包商的投标报价是合理的；②实际发生的总成本是合理的；③承包商对成本增加没有任何责任；④不可能采用其他方法准确地计算出实际发生的损失数额。

虽然如此，承包人应该注意，尽量避免采取综合索赔的方式，因为它涉及的争论因素太多，一般很难成功。

3. 索赔事件的处理程序和要求

承包人索赔按下列程序处理：

1）发包人收到承包人的索赔通知书后，应及时查验承包人的记录和证明材料。

2）发包人应在收到索赔通知书或有关索赔的进一步证明材料后的28天内，将索赔处理结果答复承包人，如果发包人逾期未作出答复，视为承包人索赔要求已被发包人认可。

3）承包人接受索赔处理结果的，索赔款项应作为增加合同价款，在当期进度款中进行支付；承包人不接受索赔处理结果的，应按合同约定的争议解决方式办理。

4. 承包人可选择的赔偿方式

承包人要求赔偿时，可以选择下列一项或几项方式获得赔偿：

1）延长工期；

2）要求发包人支付实际发生的额外费用；

3）要求发包人支付合理的预期利润；

4）要求发包人按合同的约定支付违约金。

5. 发承包双方处理费用索赔和工期索赔的关系

当承包人的费用索赔与工期索赔要求相关联时，发包人在作出费用索赔的批准决定时，应结合工程延期，综合作出费用赔偿和工程延期的决定。

索赔事件发生后，在造成费用损失时，往往会造成工期的变动。当索赔事件造成的费用损失与工期相关联时，承包人应在根据发生的索赔事件向发包人提出费用索赔要求的同时，提出工期延长的要求。

发包人在批准承包人的索赔报告时，应将索赔事件造成的费用损失和工期延长联系起来，综合作出批准费用索赔和工期延长的决定。

6. 承包人索赔的终止条件和时限

发承包双方在按合同约定办理了竣工结算后，应被认为承包人已无权再提出竣工结算前所发生的任何索赔。承包人在提交的最终结清申请中，只限于提出竣工结算后的索赔，提出索赔的期限应自发承包双方最终结清时终止。

7. 发包人向承包人提出索赔的时间、程序和要求

根据合同约定，发包人认为由于承包人的原因造成发包人的损失，宜按承包人索赔的程序进行索赔。

规定了发包人与承包人平等的索赔权利与相同的索赔程序。当合同中对此未作具体约定时，按以下规定办理：

1）发包人应在确认引起索赔的事件发生后 28 天内向承包人发出索赔通知，否则，承包人免除该索赔的全部责任。

2）承包人在收到发包人索赔报告后的 28 天内，应作出回应，表示同意或不同意并附具体意见，如在收到索赔报告后的 28 天内，未向发包人作出答复，视为该项索赔报告已经认可。

8. 发包人可选择的赔偿方式

发包人要求赔偿时，可以选择下列一项或几项方式获得赔偿：

1）延长质量缺陷修复期限；

2）要求承包人支付实际发生的额外费用；

3）要求承包人按合同的约定支付违约金。

9. 发包人的索赔金额支付方式

承包人应付给发包人的索赔金额可从拟支付给承包人的合同价款中扣除，或由承包人以其他方式支付给发包人。

（十四）现场签证

1. 现场签证的确认

承包人应发包人要求完成合同以外的零星项目、非承包人责任事件等工作的，发包人应及时以书面形式向承包人发出指令，并应提供所需的相关资料；承包人在收到指令后，应及时向发包人提出现场签证要求。

当合同对此未作具体约定时，承包人应在接受发包人要求的7天内向发包人提出签证，发包人签证后施工。若没有相应的计日工单价，签证中还应包括用工数量和单价、机械台班数量和单价、使用材料品种及数量和单价等。若发包人未签证同意，承包人施工后发生争议的，责任由承包人自负。

发包人应在收到承包人的签证报告48小时内给予确认或提出修改意见，否则，视为该签证报告已经认可。

2. 发承包双方的责任以及现场签证的内容要求

承包人应在收到发包人指令后的7天内向发包人提交现场签证报告，发包人应在收到现场签证报告后的48小时内对报告内容进行核实，予以确认或提出修改意见。发包人在收到承包人现场签证报告后的48小时内未确认也未提出修改意见的，应视为承包人提交的现场签证报告已被发包人认可。

现场签证的工作如已有相应的计日工单价，现场签证中应列明完成该类项目所需的人工、材料、工程设备和施工机械台班的数量。

如现场签证的工作没有相应的计日工单价，应在现场签证报告中列明完成该签证工作所需的人工、材料设备和施工机械台班的数量及单价。

3. 承包人未进行现场签证的责任

合同工程发生现场签证事项，未经发包人签证确认，承包人便擅自施工的，除非征得发包人书面同意，否则发生的费用应由承包人承担。

4. 现场签证计算价款的支付原则以及现场签证的基本要求

现场签证工作完成后的7天内，承包人应按照现场签证内容计算价款，报送发包人确认后，作为增加合同价款，与进度款同期支付。

在施工过程中，当发现合同工程内容因场地条件、地质水文、发包人要求等不一致时，承包人应提供所需的相关资料，并提交发包人签证认可，作为合同价款调整的依据。

一份完整的现场签证包括时间、地点、缘由、事件后果、如何处理等内容，并由发承包双方授权的现场管理人员签章。

（十五）暂列金额

已签约合同价中的暂列金额应由发包人掌握使用。

发包人按照本规范规定支付后，暂列金额余额应归发包人所有。

已签约合同价中的暂列金额只能按照发包人的指示使用。暂列金额虽然列入合同价款，但并不属于承包人所有，也不必然发生。

八、合同价款期中支付

（一）预付款

1. 预付款的用途

承包人应将预付款专用于合同工程。

当发包人要求承包人采购价值较高的工程设备时，应按商业惯例向承包人支付工程设备预付款。

2. 预付款的支付比例

包工包料工程的预付款的支付比例不得低于签约合同价（扣除暂列金额）的10%，不宜高于签约合同价（扣除暂列金额）的30%。

预付款的总金额，分期拨付次数，每次付款金额，付款时间等应根据工程规模、工期长短等具体情况，在合同中约定。

3. 承包人提交预付款支付申请的前提

承包人应在签订合同或向发包人提供与预付款等额的预付款保函后向发包人提交预付款支付申请。

4. 发包人对预付款支付的时限

发包人应在收到支付申请的7天内进行核实，向承包人发出预付款支付证书，并在签发支付证书后的7天内向承包人支付预付款。

5. 发包人未按合同支付预付款的后果

发包人没有按合同约定按时支付预付款的，承包人可催告发包人支付；发包人在预付款期满后的7天内仍未支付的，承包人可在付款期满后的第8天起暂停施工。发包人应承担由此增加的费用和延误的工期，并应向承包人支付合理利润。

6. 发包人对预付款的扣回

预付款应从每一个支付期应支付给承包人的工程进度款中扣回，直到扣回的金额达到合同约定的预付款金额为止。

工程预付款是发包人因承包人为准备施工而履行的协助义务。当承包人取得相应的合同价款时，发包人往往会要求承包人予以返还。具体操作是发包人从支付的工程进度款中按约定的比例逐渐扣回，通常约定承包人完成签约合同价款的比例在20%～30%时，开始从进度款中按一定比例扣还。

7. 预付款保函的期限和退还

承包人的预付款保函的担保金额根据预付款扣回的数额相应递减，但在预付款全部扣回之前一直保持有效。发包人应在预付款扣完后的14天内将预付款保函退还给承包人。

（二）安全文明施工费

1. 安全文明施工费的内容

安全文明施工费包括的内容和使用范围，应符合国家有关文件和计量规范的规定。

建设工程施工企业安全费用应当按照以下范围使用：

1）完善、改造和维护安全防护设施设备支出；

2）配备、维护、保养应急救援器材、设备支出和应急演练支出；

3）开展重大危险源和事故隐患评估、监控和整改支出；

4）安全生产检查、评价（不包括新建、改建、扩建项目安全评价）、咨询和标准化建设支出；

5）配备和更新现场作业人员安全防护用品支出；

6）安全生产宣传、教育、培训支出；

7）安全生产适用的新技术、新标准、新工艺、新装备的推广应用支出；

8）安全设施及特种设备检测检验支出；

9）其他与安全生产直接相关的支出。

2. 发包人对安全文明施工费的支付

发包人应在工程开工后的28天内预付不低于当年施工进度计划的安全文明施工费总

额的60%，其余部分应按照提前安排的原则进行分解，并应与进度款同期支付。

3. 发包人未按时支付安全文明施工费的后果

发包人没有按时支付安全文明施工费的，承包人可催告发包人支付；发包人在付款期满后的7天内仍未支付的，若发生安全事故，发包人应承担相应责任。

《建设工程安全生产管理条例》第五十四条规定："建设单位未提供建设工程安全生产作业环境及安全施工措施所需费用上的，责令限期改正；逾期未改正的，责令该建设工程停止施工"。

4. 承包人对安全文明施工费的使用原则

承包人对安全文明施工费应专款专用，在财务账目中应单独列项备查，不得挪作他用，否则发包人有权要求其限期改正；逾期未改正的，造成的损失和延误的工期应由承包人承担。

（三）进度款

1. 发承包双方支付进度款的基本原则

发承包双方应按照合同约定的时间、程序和方法，根据工程计量结果，办理期中价款结算，支付进度款。

2. 进度款支付周期

进度款支付周期应与合同约定的工程计量周期一致。

工程量的正确计量是发包人向承包人支付工程进度款的前提和依据。计量和付款周期可采用分段或按月结算的方式。

1）按月结算与支付。即实行按月支付进度款，竣工后结算的办法。合同工期在两个年度以上的工程，在年终进行工程盘点，办理年度结算。

2）分段结算与支付。即当年开工、当年不能竣工的工程按照工程形象进度，划分不同阶段，支付工程进度款。

当采用分段结算方式时，应在合同中约定具体的工程分段划分，付款周期应与计量周期一致。

3. 单价项目的价款计算

已标价工程量清单中的单价项目，承包人应按工程计量确认的工程量与综合单价计算；综合单价发生调整的，以发承包双方确认调整的综合单价计算进度款。

单价项目的价款计算包含两点：

1）工程量应以发承包双方确认的计量结果为依据，使发包人支付的进度款与承包人完成的工程量相匹配。

2）综合单价应以已标价工程量清单中的综合单价为依据，但若发承包双方确认调整了，以调整后的综合单价为依据。

4. 总价项目及其进度款应分解支付

已标价工程量清单中的总价项目和按照本规范规定形成的总价合同，承包人应按合同中约定的进度款支付分解，分别列入进度款支付申请中的安全文明施工费和本周期应支付的总价项目的金额中。

5. 甲供材料价款的扣除要求

发包人提供的甲供材料金额，应按照发包人签约提供的单价和数量从进度款支付中扣除，列入本周期应扣减的金额中。

6. 现场签证和索赔金额的支付要求

承包人现场签证和得到发包人确认的索赔金额应列入本周期应增加的金额中。

7. 进度款的支付比例

进度款的支付比例按照合同约定，按期中结算价款总额计，不低于60%，不高于90%。

8. 进度款支付申请的内容

承包人应在每个计量周期到期后的7天内向发包人提交已完工程进度款支付申请一式四份，详细说明此周期认为有权得到的款额，包括分包人已完工程的价款。支付申请应包括以下内容：

（1）累计已完成的合同价款；

（2）累计已实际支付的合同价款；

（3）本周期合计完成的合同价款：

1）本周期已完成单价项目的金额；

2）本周期应支付的总价项目的金额；

3）本周期已完成的计日工价款；

4）本周期应支付的安全文明施工费；

5）本周期应增加的金额；

（4）本周期合计应扣减的金额：

1）本周期应扣回的预付款；

2）本周期应扣减的金额；

（5）本周期实际应支付的合同价款。

9. 发包人出具进度款支付证书的要求

发包人应在收到承包人进度款支付申请后的14天内，根据计量结果和合同约定对申请内容予以核实，确认后向承包人出具进度款支付证书。若发承包双方对部分清单项目的计量结果出现争议，发包人应对无争议部分的工程计量结果向承包人出具进度款支付证书。

10. 发包人支付进度款的要求

发包人应在签发进度款支付证书后的14天内，按照支付证书列明的金额向承包人支付进度款。

11. 发包人逾期签发进度款支付申请的责任

若发包人逾期未签发进度款支付证书，则视为承包人提交的进度款支付申请已被发包人认可，承包人可向发包人发出催告付款的通知。发包人应在收到通知后的14天内，按照承包人支付申请的金额向承包人支付进度款。

12. 发包人不按合同约定支付进度款的责任

发包人未按照本规范的规定支付进度款的，承包人可催告发包人支付，并有权获得延迟支付的利息；发包人在付款期满后的7天内仍未支付的，承包人可在付款期满后的第8天起暂停施工。发包人应承担由此增加的费用和延误的工期，向承包人支付合理利润，并应承担违约责任。

13. 发现进度款支付错误的修正原则

发现已签发的任何支付证书有错、漏或重复的数额，发包人有权予以修正，承包人也有权提出修正申请。经发承包双方复核同意修正的，应在本次到期的进度款中支付或扣除。

九、竣工结算与支付

（一）一般规定

1. 竣工结算的办理原则

工程完工后，发承包双方必须在合同约定时间内办理工程竣工结算。合同中没有约定或约定不清的，按本规范相关规定实施。

2. 竣工结算的编制与核对的责任主体

工程竣工结算应由承包人或受其委托具有相应资质的工程造价咨询人编制，并应由发包人或受其委托具有相应资质的工程造价咨询人核对。

竣工结算由承包人编制，发包人核对。实行总承包的工程，由总承包人对竣工结算的编制负总责。根据《工程造价咨询企业管理办法》（建设部令第 149 号）的规定，承、发包人均可委托具有工程造价咨询资质的工程造价咨询企业编制或核对竣工结算。

3. 对竣工结算有异议的投诉权利

当发承包双方或一方对工程造价咨询人出具的竣工结算文件有异议时，可向工程造价管理机构投诉，申请对其进行执业质量鉴定。

4. 工程造价管理机构进行质量鉴定的要求

工程造价管理机构对投诉的竣工结算文件进行质量鉴定，宜按本规范第 14 章的相关规定进行。

工程造价管理机构受理投诉后，应当组织专家对投诉的竣工结算文件进行质量鉴定，并作出鉴定意见。

5. 竣工结算书的备案要求

竣工结算办理完毕，发包人应将竣工结算文件报送工程所在地或有该工程管辖权的行业管理部门的工程造价管理机构备案，竣工结算文件应作为工程竣工验收备案、交付使用的必备文件。

竣工结算书是反映工程造价计价规定执行情况的最终文件。交付竣工验收的建筑工程，必须符合规定的建筑工程质量标准，有完整的工程技术经济资料和经签署的工程保修书，并具备国家规定的其他竣工条件。发、承包双方竣工结算办理完毕后，应由发包人向工程造价管理机构备案，以便工程造价管理机构对本规范的执行情况进行监督和检查。

（二）编制与复核

1. 竣工结算价款的依据

工程竣工结算应根据下列依据编制和复核：

（1）本规范；

（2）工程合同；

（3）发承包双方实施过程中已确认的工程量及其结算的合同价款；

（4）发承包双方实施过程中已确认调整后追加（减）的合同价款；

（5）建设工程设计文件及相关资料；

(6) 投标文件；

(7) 其他依据。

2. 单价项目的计价原则

分部分项工程和措施项目中的单价项目应依据发承包双方确认的工程量与已标价工程量清单的综合单价计算；发生调整的，应以发承包双方确认调整的综合单价计算。

工程量应依据发、承包双方确认的工程量计算；综合单价应依据合同约定的单价计算；如发生了调整的，以发、承包双方确认调整后的综合单价计算。

3. 总价措施项目的计价原则

措施项目中的总价项目应依据已标价工程量清单的项目和金额计算；发生调整的，应以发承包双方确认调整的金额计算，其中安全文明施工费应按本规范的规定计算。

1) 总价措施项目，应依据已标价工程量清单的措施项目和金额或发承包双方确认调整后的金额计算。

2) 其中的安全文明施工费应按照国家或省级、行业建设主管部门的规定计算。施工过程中，国家或省级、行业建设主管部门对安全文明施工费进行了调整，措施项目费中的安全文明施工费应作相应调整。

4. 其他项目费在办理竣工结算时的计价原则

其他项目应按下列规定计价：

1) 计日工应按发包人实际签证确认的事项计算；

2) 暂估价应按本规范的规定计算；

3) 总承包服务费应依据已标价工程量清单金额计算；发生调整的，应以发承包双方确认调整的金额计算；

4) 索赔费用应依据发承包双方确认的索赔事项和金额计算；

5) 现场签证费用应依据发承包双方签证资料确认的金额计算；

6) 暂列金额应减去合同价款调整（包括索赔、现场签证）金额计算，如有余额归发包人。

5. 规费和税金的计价原则

规费和税金应按本规范的规定计算。规费中的工程排污费应按工程所在地环境保护部门规定的标准缴纳后按实列入。

6. 进度款支付与竣工结算的关系

发承包双发在合同工程实施过程中已经确认的工程计量结果和合同价款，在竣工结算办理中应直接进入结算。

合同价款按交付时间的顺序可分为：工程预付款、工程进度款和工程竣工结算款，由于工程预付款已在工程进度款中扣回，因此，工程竣工结算存在以下等式：工程竣工结算价款＝工程进度款＋工程竣工结算余款。可见，竣工结算与合同工程实施过程中的工程计量及其价款结算、进度款支付、合同价款调整等具有内在的联系，除有争议的外，均应直接进入竣工结算，简化结算流程。

（三）竣工结算

1. 承包人完成竣工结算编制工作的要求

合同工程完工后，承包人应在经发承包双方确认的合同工程期中价款结算的基础上汇总编制完成竣工结算文件，应在提交竣工验收申请的同时向发包人提交竣工结算文件。

承包人未在合同约定的时间内提交竣工结算文件，经发包人催告后14天内仍未提交或没有明确答复的，发包人有权根据已有资料编制竣工结算文件，作为办理竣工结算和支付结算款的依据，承包人应予以认可。

2. 竣工结算的核对要求

发包人应在收到承包人提交的竣工结算文件后的28天内核对。

发包人经核实，认为承包人还应进一步补充资料和修改结算文件，应在上述时限内向承包人提出核实意见，承包人在收到核实意见后的28天内应按照发包人提出的合理要求补充资料，修改竣工结算文件，并应再次提交给发包人复核后批准。

3. 对竣工结算文件复核结果的处理要求

发包人应在收到承包人再次提交的竣工结算文件后的28天内予以复核，并将复核结果通知承包人，并应遵守下列规定：

1）发包人、承包人对复核结果无异议的，应在7天内在竣工结算文件上签字确认，竣工结算办理完毕；

2）发包人或承包人对复核结果认为有误的，无异议部分按照本条第1款规定办理不完全竣工结算；有异议部分由发承包双方协商解决；协商不成的，应按照合同约定的争议解决方式处理。

竣工结算的提出、核对与再复核是发承包双方准确办理竣工结算的权利和责任，是由表及里、由此及彼、由粗到细的过程。

4. 发、承包双方在办理竣工结算中的责任

发包人在收到承包人竣工结算文件后的28天内，不核对竣工结算或未提出核对意见的，应视为承包人提交的竣工结算文件已被发包人认可，竣工结算办理完毕。

承包人在收到发包人提出的核实意见后的28天内，不确认也未提出异议的，应视为发包人提出的核实意见已被承包人认可，竣工结算办理完毕。

5. 发包人委托工程造价咨询人核对竣工结算的事项

发包人委托工程造价咨询人核对竣工结算的，工程造价咨询人应在28天内核对完毕，核对结论与承包人竣工结算文件不一致的，应提交给承包人复核；承包人应在14天内将同意核对结论或不同意见的说明提交工程造价咨询人。工程造价咨询人收到承包人提出的异议后，应再次复核，复核无异议的，应按本规范的规定办理，复核后仍有异议的，按本规范的规定办理。

承包人逾期未提出书面异议的，应视为工程造价咨询人核对的竣工结算文件已经承包人认可。

6. 发承包双方委派专业人员确认结算文件遭到否认的结果

对发包人或发包人委托的工程造价咨询人指派的专业人员与承包人指派的专业人员经核对后无异议并签名确认的竣工结算文件，除非发承包人能提出具体、详细的不同意见，发承包人都应在竣工结算文件上签名确认，如其中一方拒不签认的，按下列规定办理：

1）若发包人拒不签认的，承包人可不提供竣工验收备案资料，并有权拒绝与发包人

或其上级部门委托的工程造价咨询人重新核对竣工结算文件。

2）若承包人拒不签认的，发包人要求办理竣工验收备案的，承包人不得拒绝提供竣工验收资料，否则，由此造成的损失，承包人承担相应责任。

当前，存在着这种现象：发把人或发包人委托的工程造价咨询人指派的专业人员与承包人指派的专业人员经核对后无异议并签名确认的竣工结算文件，但发承包人一方，特别是发包人不签字确认，造成竣工结算办理停止，引发诸多矛盾，因此，对这种现象做出了规定。

7. 禁止重复核对竣工结算的原则

合同工程竣工结算核对完成，发承包双方签字确认后，发包人不得要求承包人与另一个或多个工程造价咨询人重复核对竣工结算。对当前实际存在的竣工结算一审再审、久审不结的现象作了禁止性规定。

8. 对质量有异议时的竣工结算的办理原则

发包人对工程质量有异议，拒绝办理工程竣工结算的，已竣工验收或已竣工未验收但实际投入使用的工程，其质量争议应按该工程保修合同执行，竣工结算应按合同约定办理；已竣工未验收且未实际投入使用的工程以及停工、停建工程的质量争议，双方应就有争议的部分委托有资质的检测鉴定机构进行检测，并应根据检测结果确定解决方案，或按工程质量监督机构的处理决定执行后办理竣工结算，无争议部分的竣工结算应按合同约定办理。

（四）结算款支付

1. 承包人提交竣工结算款支付申请的要求

承包人应根据办理的竣工结算文件向发包人提交竣工结算款支付申请。申请应包括下列内容：

1）竣工结算合同价款总额；

2）累计已实际支付的合同价款；

3）应预留的质量保证金；

4）实际应支付的竣工结算款金额。

2. 发包人对承包人提交竣工结算支付申请的核实要求

发包人应在收到承包人提交竣工结算款支付申请后 7 天内予以核实，向承包人签发竣工结算支付证书。

3. 发包人向承包人支付结算款的要求

发包人签发竣工结算支付证书后的 14 天内，应按照竣工结算支付证书列明的金额向承包人支付结算款。

4. 发包人对承包人竣工结算款支付申请不予核实的责任

发包人在收到承包人提交的竣工结算款支付申请后 7 天内不予以核实，不向承包人签发竣工结算支付证书的，视为承包人的竣工结算款支付申请已被发包人认可；发包人应在收到承包人提交的竣工结算款支付申请 7 天后的 14 天内，按照承包人提交的竣工结算款支付申请列明的金额向承包人支付结算款。

5. 承包人未得到工程价款时应采取的措施

发包人未在合同约定时间内向承包人支付工程结算价款的，承包人可催告发包人支付，并有权获得延迟支付的利息。发包人在竣工结算支付证书签发后或者在收到承包人提交的竣工结算款支付申请7天后的56天内仍未支付的，除法律另有规定外，承包人可与发包人协商将该工程折价，也可直接向人民法院申请将该工程依法拍卖。承包人应就该工程折价或拍卖的价款优先受偿。

（1）人民法院在审理房地产纠纷案件和办理执行案件中，应当依照《中华人民共和国合同法》第二百八十六条的规定，认定建筑工程的承包人的优先受偿权优于抵押权和其他债权。

（2）消费者交付购买商品房的全部或者大部分款项后，承包人就该商品房享有的工程价款优先受偿权不得对抗买受人。

（3）建筑工程价款包括承包人为建设工程应当支付的工作人员报酬、材料款等实际支出的费用，不包括承包人因发包人违约所造成的损失。

（4）建设工程承包人行使优先权的期限为六个月，自建设工程竣工之日或者建设工程合同约定的竣工之日起计算。

（五）质量保证金

1. 质量保证金的预留原则

发包人应按照合同约定的质量保证金比例从结算款中预留质量保证金。

2. 质量保证金的使用

承包人未按照合同约定履行属于自身责任的工程缺陷修复义务的，发包人有权从质量保证金中扣除用于缺陷修复的各项支出。经查验，工程缺陷属于发包人原因造成的，应由发包人承担查验和缺陷修复的费用。

3. 在合同约定的缺陷责任期终止后，发包人应按照本规范规定，将剩余的质量保证金返还给承包人。

发包人在接到承包人返还保证金申请后，应于14日内会同承包人按照合同约定的内容进行核实。如无异议，发包人应当在核实后14日内将保证金返还给承包人，逾期支付的，从逾期之日起，按照同期银行贷款利率计付利息，并承担违约责任。发包人在接到承包人返还保证金申请后14日内不予答复，经催告后14日内仍不予答复，视同认可承包人的返还保证金申请。

（六）最终结清

1. 承包人提出最终结清支付申请的要求

缺陷责任期终止后，承包人应按照合同约定向发包人提交最终结清支付申请。发包人对最终结清支付申请有异议的，有权要求承包人进行修正和提供补充资料。承包人修正后，应再次向发包人提交修正后的最终结清支付申请。

2. 发包人对最终结清支付申请的核实要求

发包人应在收到最终结清支付申请后的14天内予以核实，并应向承包人签发最终结清支付证书。

3. 发包人向承包人支付最终结清款的要求

发包人应在签发最终结清支付证书后的14天内，按照最终结清支付证书列明的金额向承包人支付最终结清款。

4. 发包人未核实最终结清支付申请的责任

发包人未在约定的时间内核实，又未提出具体意见的，应视为承包人提交的最终结清支付申请已被发包人认可。

5. 发包人未按期支付最终结清的后果

发包人未按期最终结清支付的，承包人可催告发包人支付，并有权获得延迟支付的利息。

6. 最终结清时，承包人被预留的质量保证金不足以抵减发包人工程缺陷修复费用的，承包人应承担不足部分的补偿责任。

7. 承包人对最终结清款有异议时的解决方式

承包人对发包人支付的最终结清款有异议的，应按照合同约定的争议解决方式处理。

十、合同解除的价款结算与支付

1. 发承包双方达成的协议办理结算和支付合同价款

发承包双方协商一致解除合同的，应按照达成的协议办理结算和支付合同价款。

2. 因不可抗力解除合同时发包人向承包人支付的合同价款

由于不可抗力致使合同无法履行解除合同的，发包人应向承包人支付合同解除之日前已完成工程但尚未支付的合同价款，此外，还应支付下列金额：

1）本规范规定的由发包人承担的费用；

2）已实施或部分实施的措施项目应付价款；

3）承包人为合同工程合理订购且已交付的材料和工程设备货款；

4）承包人撤离现场所需的合理费用，包括员工遣送费和临时工程拆除、施工设备运离现场的费用；

5）承包人为完成合同工程而预期开支的任何合理费用，且该项费用未包括在本款其他各项支付之内。

发承包双方办理结算合同价款时，应扣除合同解除之日前发包人应向承包人收回的价款。当发包人应扣除的金额超过了应支付的金额，承包人应在合同解除后的56天内将其差额退还给发包人。

3. 承包人违约解除合同时价款结算与支付的原则

1）因承包人违约解除合同的，发包人应暂停向承包人支付任何价款。

2）发包人应在合同解除后28天内核实合同解除时承包人已完成的全部合同价款以及按施工进度计划已运至现场的材料和工程设备货款，按合同约定核算承包人应支付的违约金以及造成损失的索赔金额，并将结果通知承包人。

3）发承包双方应在28天内予以确认或提出意见，并应办理结算合同价款。如果发包人应扣除的金额超过了应支付的金额，承包人应在合同解除后的56天内将其差额退还给发包人。

4）发承包双方不能就解除合同后的结算达成一致的，按照合同约定的争议解决方式处理。

4. 发包人违约解除合同时价款结算与支付的原则

1）因发包人违约解除合同的，发包人除应按照本规范的规定向承包人支付各项价款外，应按合同约定核算发包人应支付的违约金以及给承包人造成损失或损害的索赔金额费用。该笔费用应由承包人提出，发包人核实后与承包人协商确定后的7天内向承包人签发支付证书。

2）协商不能达成一致的，应按照合同约定的争议解决方式处理。

十一、合同价款争议的解决

（一）监理或造价工程师暂定

1. 监理或造价工程师解决争议的事项

若发包人和承包人之间就工程质量、进度、价款支付与扣除、工期延期、索赔、价款调整等发生任何法律上、经济上或技术上的争议，首先应根据已签约合同的规定，提交合同约定职责范围内的总监理工程师或造价工程师解决，并应抄送另一方。总监理工程师或造价工程师在收到此提交件后 14 天内应将暂定结果通知发包人和承包人。发承包双方对暂定结果认可的，应以书面形式予以确认，暂定结果成为最终决定。

2. 发承包双方未对暂定结果回复意见的后果

发承包双方在收到总监理工程师或造价工程师的暂定结果通知之后的 14 天内未对暂定结果予以确认也未提出不同意见的，应视为发承包双方已认可该暂定结果。

3. 发承包双方或一方不同意暂定的解决方法

发承包双方或一方不同意暂定结果的，应以书面形式向总监理工程师或造价工程师提出，说明自己认为正确的结果，同时抄送另一方，此时该暂定结果成为争议。在暂定结果对发承包双方当事人履约不产生实质影响的前提下，发承包双方应实施该结果，直到按照发承包双方认可的争议解决办法被改变为止。

（二）管理机构的解释或认定

1. 工程造价计价依据的解释机构

合同价款争议发生后，发承包双方可就工程计价依据的争议以书面形式提请工程造价管理机构对争议以书面文件进行解释或认定。

工程造价管理机构是工程造价计价依据、办法以及相关政策的制定和管理机构。对发包人、承包人或工程造价咨询人在工程计价中，对计价依据、办法以及相关政策规定发生的争议进行解释是工程造价管理机构的职责。

2. 工程造价管理机构答复时限

工程造价管理机构应在收到申请的 10 个工作日内就发承包双方提请的争议问题进行解释或认定。工程造价管理机构应制定办事指南，明确规定解释流程、时间，认真做好此项工作。

3. 工程造价机构解释的效力

发承包双方或一方在收到工程造价管理机构书面解释或认定后仍可按照合同约定的争议解决方式提请仲裁或诉讼。除工程造价管理机构的上级管理部门作出了不同的解释或认定，或在仲裁裁决或法院判决中不予采信的外，工程造价管理机构作出的书面解释或认定应为最终结果，并应对发承包双方均有约束力。

（三）协商和解

1. 发承包双方和解的要求

合同价款争议发生后，发承包双方任何时候都可以进行协商。协商达成一致的，双方应签订书面和解协议，和解协议对发承包双方均有约束力。

2. 发承包双方不能和解时争议的解决方法

如果协商不能达成一致协议，发包人或承包人都可以按合同约定的其他方式解决争议。

（四）调解

1. 调解人的约定

发承包双方应在合同中约定或在合同签订后共同约定争议调解人，负责双方在合同履行过程中发生争议的调解。

2. 调解人的调换或终止

合同履行期间，发承包双方可协议调换或终止任何调解人，但发包人或承包人都不能单独采取行动。除非双方另有协议，在最终结清支付证书生效后，调解人的任期应即终止。

3. 争议的提出

如果发承包双方发生了争议，任何一方可将该争议以书面形式提交调解人，并将副本抄送另一方，委托调解人调解。

4. 发承包双方对调解的配合

发承包双方应按照调解人提出的要求，给调解人提供所需要的资料、现场进入权及相应设施。调解人应被视为不是在进行仲裁人的工作。

5. 调解的时限及双方的认可

调解人应在收到调解委托后28天内或由调解人建议并经发承包双方认可的其他期限内提出调解书，发承包双方接受调解书的，经双方签字后作为合同的补充文件，对发承包双方均具有约束力，双方都应立即遵照执行。

6. 对调解书异议的解决

当发承包双方中任一方对调解人的调解书有异议时，应在收到调解书后28天内向另一方发出异议通知，并应说明争议的事项和理由。但除非并直到调解书在协商和解或仲裁裁决、诉讼判决中作出修改，或合同已经解除，承包人应继续按照合同实施工程。

7. 调解书的效力

当调解人已就争议事项向发承包双方提交了调解书，而任一方在收到调解书后28天内均未发出表示异议的通知时，调解书对发承包双方应均具有约束力。

（五）仲裁、诉讼

1. 申请仲裁时的要求

发承包双方的协商和解或调解均未达成一致意见，其中的一方已就此争议事项根据合同约定的仲裁协议申请仲裁，应同时通知另一方。

2. 仲裁期间的义务

仲裁可在竣工之前或之后进行，但发包人、承包人、调解人各自的义务不得因在工程实施期间进行仲裁而有所改变。当仲裁是在仲裁机构要求停止施工的情况下进行时，承包人应对合同工程采取保护措施，由此增加的费用应由败诉方承担。

3. 未遵守提交仲裁的事项

在本规范规定的期限之内，暂定或和解协议或调解书已经有约束力的情况下，当发承包中一方未能遵守暂定或和解协议或调解书时，另一方可在不损害他可能具有的任何其他权利的情况下，将未能遵守暂定或不执行和解协议或调解书达成的事项提交仲裁。

4. 向法院提起诉讼的事项

发包人、承包人在履行合同时发生争议，双方不愿和解、调解或者和解、调解不成，又没有达成仲裁协议的，可依法向人民法院提起诉讼。

十二、工程造价鉴定

（一）一般规定

1. 工程造价鉴定的机构

在工程合同价款纠纷案件处理中，需作工程造价司法鉴定的，应委托具有相应资质的工程造价咨询人进行。

2. 工程造价司法鉴定的原则

工程造价咨询人接受委托时提供工程造价司法鉴定服务，应按仲裁、诉讼程序和要求进行，并应符合国家关于司法鉴定的规定。

3. 工程造价司法鉴定人员的专业要求

从事工程造价司法鉴定的人员，必须具备注册造价师执业资格，并只得在其注册的机构从事工程造价司法鉴定工作，否则不具备在该机构的工程造价成果文件上签字的权力。

进入司法程序的工程造价鉴定的难度一般较大，因此，工程造价咨询人进行工程造价司法鉴定时，应指派专业对口、经验丰富的注册造价工程师承担鉴定工作。

4. 对工程造价咨询人员的限制性规定

工程造价咨询人应在收到工程造价司法鉴定资料后10天内，根据自身专业能力和证据资料判断能否胜任该项委托，如不能，应辞去该项委托。工程造价咨询人不得在鉴定期满后以上述理由不作出鉴定结论，影响案件处理。

5. 回避原则

接受工程造价司法鉴定委托的工程造价咨询人或造价工程师如是鉴定项目一方当事人的近亲属或代理人、咨询人以及其他关系可能影响鉴定公正的，应当自行回避；未自行回避，鉴定项目委托人以该理由要求其回避的，必须回避。

6. 工程造价司法鉴定人出庭咨询的要求

工程造价咨询人应当依法出庭接受鉴定项目当事人对工程造价司法鉴定意见书的质询。如确因特殊原因无法出庭的，经审理该鉴定项目的仲裁机关或人民法院批许，可以书面形式答复当事人的质询。

（二）取证

1. 工程造价鉴定前的准备内容

程造价咨询人进行工程造价鉴定工作时，应自行收集以下（但不限于）鉴定资料：

1）适用于鉴定项目的法律、法规、规章、规范性文件以及规范、标准、定额；

2）鉴定项目同时期同类型工程的技术经济指标及其各类要素价格等。

2. 工程造价咨询人应收集的鉴定依据

工程造价咨询人收集鉴定项目的鉴定依据时，应向鉴定项目委托人提出具体书面要求，其内容包括：

1）与鉴定项目相关的合同、协议及其附件；

2）相应的施工图纸等技术经济文件；

3）施工过程中的施工组织、质量、工期和造价等工程资料；

4）存在争议的事实及各方当事人的理由；

5）其他有关资料。

完整、真实、合法的鉴定依据是做好鉴定项目工程造价司法鉴定的前提。因此，接受委托的工程造价咨询人应从专业的角度鉴定项目委托人提出所需依据的具体书面要求，保证鉴定工作的顺利进行。

3. 工程造价咨询人对缺陷资料的补充原则

程造价咨询人在鉴定过程中要求鉴定项目当事人对缺陷资料进行补充的，应征得鉴定项目委托人同意，或者协调鉴定项目各方当事人共同签认。

4. 鉴定工作进行现场勘查的组织

根据鉴定工作需要现场勘验的，工程造价咨询人应提请鉴定项目委托人组织各方当事人对被鉴定项目所涉及的实物标的进行现场勘验。

工程建设的特殊性决定了发承包双方的某些纠纷不经现场勘查无法得出准确的鉴定结论，如某些工程项目的计量、隐蔽工程的实际施工情况等。对此，工程造价咨询人员应果断作出专业判断，提请鉴定项目委托人组织现场勘验，以保证司法鉴定的顺利进行，保证鉴定质量。

5. 勘验现场的内容及注意事项

勘验现场应制作勘验记录、笔录或勘验图表，记录勘验的时间、地点、勘验人、在场人、勘验经过、结果，由勘验人、在场人签名或者盖章确认。绘制的现场图应注明绘制的时间、测绘人姓名、身份等内容。必要时应采取拍照或摄像取证，留下影像资料。

6. 未对勘验笔录等签字确认的解决措施

鉴定项目当事人未对现场勘验图表或勘验笔录等签字确认的，工程造价咨询人应提请鉴定项目委托人决定处理意见，并在鉴定意见书中作出表述。

（三）鉴定

1. 合同有效的鉴定原则

工程造价咨询人在鉴定项目合同有效的情况下应根据合同约定进行鉴定，不得任意改变双方合法的合意。

合同价款会争议主要是发承包双方对工程合同的不同理解或对一些履约行为的不同看法或对一些事实的是否存在等导致的。由于建设工程造价兼有契约性与技术性的特点，发承包双方签订的合同必然是鉴定的基础，鉴定时不能以专业技术方面的惯例来否定合同的约定。

当事人对建设工程的计价标准或者计价方法有约定的，按照约定结算工程价款。

2. 合同无效或约定不明确的鉴定原则

工程造价咨询人在鉴定项目合同无效或合同条款约定不明确的情况下应根据法律法规、相关国家标准和本规范的规定，选择相应专业工程的计价依据和方法进行鉴定。

1）若鉴定项目委托人明确鉴定项目合同无效，工程造价咨询人应根据法律法规规定进行鉴定；

2）若合同中约定不明确的，工程造价咨询人应提醒合同双方当事人尽可能协商一致，予以明确，如不能协商一致，按照相关国家标准或本规范的规定，选择相应专业工程的计价依据和方法进行鉴定。

3. 鉴定意见书出具前的征求意见事项

工程造价咨询人出具正式鉴定意见书之前，可报请鉴定项目委托人向鉴定项目各方当事人发出鉴定意见书征求意见稿，并指明应书面答复的期限及其不答复的相应法律责任。

4. 出具正式鉴定意见书的要求

工程造价咨询人收到鉴定项目各方当事人对鉴定意见书征求意见稿的书面复函后，应对不同意见认真复核，修改完善后再出具正式鉴定意见书。

5. 出具的工程造价鉴定出应包括的内容

工程造价咨询人出具的工程造价鉴定书应包括下列内容：

1）鉴定项目委托人名称、委托鉴定的内容；

2）委托鉴定的证据材料；

3）鉴定的依据及使用的专业技术手段；

4）对鉴定过程的说明；

5）明确的鉴定结论；

6）其他需说明的事宜；

7）工程造价咨询人盖章及注册造价咨询工程师签名盖执业专用章。

6. 完成鉴定项目的时间要求

工程造价咨询人应在委托鉴定项目的鉴定期限内完成鉴定工作，如确因特殊原因不能在原定期限内完成鉴定工作时，应按照相应法规提前向鉴定项目委托人申请延长鉴定期限，并应在此期限内完成鉴定工作。

经鉴定项目委托人同意等待鉴定项目当事人提交、补充证据的，质证所用的时间不应计入鉴定期限。

进入仲裁或诉讼的施工合同纠纷案件，一般都有明确的结案时限。因此，工程造价咨询人应作好鉴定进度计划，尽可能在原定期限内完成鉴定工作，以免影响案件的处理。

7. 对有缺陷的鉴定结果做补充的要求

对于已经出具的正式鉴定意见书中有部分缺陷的鉴定结论，工程造价咨询人应通过补充鉴定作出补充结论。

十三、工程计价资料与档案

（一）计价资料

1. 书面文件是工程计价的有效凭证的规定

发承包双方应当在合同中约定各自在合同工程中现场管理人员的职责范围，双方现场管理人员在职责范围内签字确认的书面文件是工程计价的有效凭证，但如有其他有效证据或经实证证明其是虚假的除外。

主要分为两个方面：

1）发承包双方现场管理人员的职责范围。首先要明确发承包双方的现场管理人员，包括受其委托的第三方人员，如发包人委托的监理人、工程造价咨询人，仍然属于发包人现场管理人员的范围；其次是明确管理人员的职责范围，也就是业务分工，并应明确在合同中约定，施工过程中如发生人员变动，应及时以书面形式通知对方，涉及合同中约定的主要人员变动需经对方同意的，应事先征求对方的意见，同意后才能更换。

2）现场管理人员签署的书面文件的效力。首先，双方现场管理人员在合同约定的职责范围签署的书面文件必定是工程计价的有效凭证，如双方现场管理人员对工作计量结果的确认、对现场签证的确认等；其次，双方现场管理人员签署的书面文件如有错误的应予纠正，这方面的失误主要有两方面的原因，一是无意识失误，属工作中偶发性错误，只要双方认真核对就可有效减少此类失误；二是有意致错，如双方现场管理人员以利益交换，有意犯错，如工程计量有意多计。因此，如有其它有效凭证，或经证实证明其是虚假的，则应更正。

2. 工程计价的事项采用书面形式

发承包双方不论在何种场合对与工程计价有关的事项所给予的批准、证明、同意、指令、商定、确定、确认、通知和请求，或表示同意、否定、提出要求和意见等，均应采用书面形式，口头指令不得作为计价凭证。

3. 书面文件送达方式和接收的地址

任何书面文件送达时，应由对方签收，通过邮寄应采用挂号、特快专递传送，或以发承包双方商定的电子传输方式发送，交付、传送或传输至指定的接收人的地址。如接收人通知了另外地址时，随后通信信息应按新地址发送。

4. 向对方发书面文件的基本要求

发承包双方分别向对方发出的任何书面文件，均应将其抄送现场管理人员，如系复印件应加盖合同工程管理机构印章，证明与原件相同。双方现场管理人员向对方所发任何书面文件，也应将其复印件发送给发承包双方，复印件应加盖合同工程管理机构印章，证明与原件相同。

5. 拒不签收来往信函的处理方式及应承担的责任

发承包双方均应当及时签收另一方送达其指定接收地点的来往信函，拒不签收的，送达信函的一方可以采用特快专递或者公证方式送达，所造成的费用增加（包括被迫采用特殊送达方式所发生的费用）和延误的工期由拒绝签收一方承担。

6. 书面文件和通知不得扣压及其相应责任

书面文件和通知不得扣压，一方能够提供证据证明另一方拒绝签收或已送达的，应视为对方已签收并应承担相应责任。

（二）计价档案

1. 计价文件的归档要求

发承包双方以及工程造价咨询人对具有保存价值的各种载体的计价文件，均应收集齐全，整理立卷后归档。

2. 建立工程计价档案管理制度的要求

发承包双方和工程造价咨询人应建立完善的工程计价档案管理制度，并应符合国家和有关部门发布的档案管理相关规定。

3. 计价文件的保存期限

工程造价咨询人归档的计价文件，保存期不宜少于五年。

4. 工程计价成果文件的保存方式

归档的工程计价成果文件应包括纸质原件和电子文件，其他归档文件及依据可为纸质原件、复印件或电子文件。

5. 归档文件的要求

归档文件应经过分类整理，并应组成符合要求的案卷。

6. 归档的日期

归档可以分阶段进行，也可以在项目竣工结算完成后进行。

7. 办理移交档案的手续

向接受单位移交档案时，应编制移交清单，双方应签字、盖章后方可交接。

第二章　工程量清单下价格的构成及应用

第一节　工程量清单计价模式的费用构成

工程量清单计价模式下的费用包括分部分项工程费、措施项目费、其他项目费以及规费和税金。

（一）分部分项工程费

分部分项工程费是指完成在工程量清单列出的各分部分项清单工程量所需的费用。包括：人工费、材料费（消耗的材料费总和）、施工机械使用费、企业管理费、利润以及风险费。

（二）措施项目费

措施项目费是由“措施项目一览表”确定的工程措施项目金额的总和。具体可查阅2013年颁布的相关工程现行国家计量规范，即本书表2-3。

（三）其他项目费

其他项目费是指暂列金额、暂估价（包括材料（工程设备）暂估单价、专业工程暂估价）计日工、总承包服务费，其他（索赔、现场鉴证）金额的总和。

（四）规费

规费是指根据国家法律、法规规定，由省级政府或省级有关权力部门规定施工企业必须缴纳的费用的总和。

（五）税金

税金是指国家税法规定的应计入建筑安装工程造价内的营业税、城市维护建设税、教育费附加和地方教育附加的总和。

第二节　直接工程费的计算模式

一、建筑安装工程直接费

建筑安装工程直接工程费是指在工程施工过程中直接耗费的构成工程实体和有助于工程实体形成的各项费用。它包括人工费、材料费和施工机械使用费。

直接工程费是构成工程量清单中“分部分项工程费”的主体费用，本节将重点介绍比较常用的两种直接工程费计算模式：利用现行的概、预算定额计价模式，动态的计价模式的计价方法及在投标报价中的应用。

二、人工费

人工费是指直接从事于建筑安装工程施工的生产工人开支的各项费用。内容包括：

1. 生产工人的基本工资。

2. 工资性补贴。

3. 生产工人的辅助工资。

4. 职工福利费。

三、人工费的计算

（一）利用现行的概预算定额计价模式

其方法是：根据工程量清单提供的工程量，利用现行的概、预算定额，计算出完成各个分部分项工程量清单的人工费，然后根据本企业的实力及投标策略，对各个分部分项工程量清单的人工费进行调整，汇总计算出整个投标工程的人工费，其计算公式为

人工费＝∑［Δ（概预算定额中人工工日消耗量×相应等级的日工资综合单价）］ (2-1)

（二）动态的计价模式

动态的计价模式计算人工费的方法是：首先根据工程量清单提供的清单工程量，结合本企业的人工效率和企业定额，计算出投标工程消耗的工日数；其次根据现阶段企业的经济、人力、资源状况和工程所在地的实际生活水平，以及工程的特点，计算工日单价；然后根据劳动力来源及人员比例，计算综合工日单价；最后计算人工费。其计算公式为：

人工费＝∑（人工工日消耗量×综合工日单价） (2-2)

1. 人工工日消耗量的确定方法　目前国际承包工程项目计算用工的方法基本有两种：一是分析法，二是指标法。

（1）分析法计算人工工日消耗量　分析法计算工程用工量，最准确的计算是依据投标人自己企业的施工工人的实际操作水平，加上对人工工效的分析来确定，俗称企业定额。但是，由于我国大多数施工企业没有自己的“企业定额”，其计价行为是以现行的建设部或各行业颁布的概、预算定额为计价依据，所以，在利用分析法计算工程用工量时，应根据下列公式计算

$$DC=R \cdot K \tag{2-3}$$

式中　DC——人工工日数；

R——用国内现行的概、预算定额计算出的人工工日数；

K——人工工日折算系数。

人工工日折算系数，是通过对本企业施工工人的实际操作水平、技术装备、管理水平等因素进行综合评定计算出的生产工人劳动生产率与概、预算定额水平的比率来确定，计算公式如下：

$$K=V_q/V_0 \tag{2-4}$$

式中　K——人工工日折算系数或人工工日折减系数；

V_q——完成某项工程本企业应消耗的工日数；

V_0——完成同项工程概、预算定额消耗的工日数

在投标报价时，人工工日折减系数可以分土木建筑工程和安装工程来分别确定两个不同的“K 值”；也可以对安装工程按不同的专业，分别计算多个“K 值”。投标人应根据自己企业的特点和招标书的具体要求灵活掌握。

（2）指标法计算人工工日消耗量

这种方法是利用工业民用建设工程用工指标计算用工量。工业民用建设工程用工指标是该企业根据历年来承包完成的工程项目，按照工程性质、工程规模、建筑结构形式，以

及其他经济技术参数等控制因素，运用科学的统计分析方法分析出的用工指标。

2. 综合工日单价的计算

（1）综合工日单价可以理解为从事建设工程施工生产的工人日工资水平，其构成包括以下几个部分：

① 本企业待业工人最低生活保障工资：这部分工资是企业中从事施工生产和不从事施工生产（企业内待业或失业）的每个职工都必须具备的；其标准不低于国家关于失业职工最低生活保障金的发放标准。

② 按规定标准计提的职工福利费。

③ 投标单位驻地至工程所在地生产工人的往返差旅费：包括短、长途公共汽车费、火车费、旅馆费、路途及住宿补助费、市内交通及补助费。此项费用可根据投标人所在地至建设工程所在地的距离和路线调查确定。该项可按管理费处理，不计入人工费。

④ 外埠施工补助费：由企业支付给外埠施工生产工人的施工补助费。

⑤ 夜餐补助费：是指推行三班作业时，由企业支付给夜间施工生产工人的夜间餐饮补助费。

⑥ 医疗费：对工人轻微伤病进行治疗的费用。

⑦ 法定节假日工资：法定节假日休息，如“五一”、“十一”支付的工资。

⑧ 法定休假日工资：法定休假日休息支付的工资。

⑨ 病假或轻伤不能工作时间的工资。

⑩ 因气候影响的停工工资。

⑪ 生产工人劳动保护费：是指按规定标准发放的劳动保护用品的购置费及修理费、徒工服装补贴、防暑降温费，在有碍身体健康环境中施工的保健费用等。

⑫ 效益工资（奖金）：工人奖金原则应在超额完成任务的前提下发放，费用可在超额结余的资金款项中支付，鉴于当前我国发放奖金的具体状况，奖金费用应归入人工费。

⑬ 应包括在工资中未明确的其他项目。

（2）综合工日单价及人工费的确定

用国家工资标准即概、预算人工单价的调整额，作为计价的人工工日单价。再乘以依据“企业定额”计算出的工日消耗量计算人工费。其计算公式为

$$人工费=\sum[\Delta 概预算定额人工工日单价\times人工工日消耗量] \quad (2\text{-}5)$$

四、材料费的计算

（一）材料费

建筑安装工程直接费中的材料费是指施工过程中耗用的构成工程实体的各类原材料、辅助材料、零配件、成品及半成品等主要材料的费用，以及工程中耗费的虽不构成工程实体，但有利于工程实体形成的各类消耗性材料费用的总和。

主要材料一般有：钢材、管材、线材、阀门、管件、电缆电线、油漆、螺栓、水泥、石子、砂子、砖等，其费用约占材料费的85%～95%。

消耗材料一般有：砂纸、纱布、锯条、砂轮片、氧气、乙炔气、水、电、草袋、油等，其费用约占材料费的5%～15%。

（二）材料费的确定

$$材料费=\sum[材料消耗量\times材料单价] \quad (2\text{-}6)$$

1. 材料消耗量的确定

（1）主要材料消耗量的确定：

$$材料消耗量=材料净用量\times（1+材料损耗率） \tag{2-7}$$

（2）消耗材料消耗量的确定：

其确定方法与主要材料消耗量的确定方法基本相同，投标人要根据需要确定消耗材料的名称、规格、型号、材质和数量。

（3）部分周转性材料摊销量的确定

周转性材料被消耗掉的价值，应当摊销在相应清单项目的材料费中，摊销的比例应根据材料价值、磨损的程度、可被利用的次数以及投标策略等诸因素进行确定。

（4）低值易耗品消耗量的确定

一些使用年限在规定时间以下，单位价值在规定金额以内的工、器具称为低值易耗品，其计价办法是：概、预算定额中将其费用摊销在具体的定额子目中，也可以把它放在其他费用中处理。

2. 材料单价的确定

（1）材料原价的确定

材料原价一般是指材料的出厂价、进口材料抵岸价或市场批发价，对同一种材料，因产地、供应渠道不同出现几种原价时，可根据不同来源地供货数量比例，采取加权平均的方法确定其综合原价，计算公式如下：

$$加权平均原价=\frac{K_1C_1+K_2C_2+\cdots K_nC_n}{K_1+K_2+\cdots K_n} \tag{2-8}$$

式中　K_1、$K_2 \cdots K_n$——各不同供应地点的供应量或各不同使用地点的需求量；

　　C_1、$C_2 \cdots C_n$——各不同供应地点的原价。

（2）材料的供货方式和供货渠道包括业主供货和承包商供货两种方式。对于业主供货的材料，招标书中列有业主供货材料单价表，投标人在利用招标人提供的材料价格报价时，应考虑现场交货的材料运费，还应考虑材料的保管费。承包商供货材料的渠道一般有当地供货、指定厂家供货、异地供货和国外供货等。

（3）包装费的确定

包装费是为使材料在搬运、保管中不受损失或便于运输而对材料进行包装发生的净费用，但不包括已计入材料原价的包装费，材料运到现场或使用后，要对包装品进行回收，回收价值冲减材料预算价格。

（4）运输费用

材料的运输费包括材料自采购地至施工现场全过程、全路途发生的装卸、运输费用的总和，运输费用中包括材料在运输装卸过程中不可避免的运输损耗费，若同一品种的材料如有若干个来源地，其运输费用可根据每个来源地的运输里程、运输方法和运价标准，用加权平均的方法计算运输费。

（5）材料的采购及保管费的确定

采购及保管费是指为组织材料的采购、供应和保管所发生的各项必要费用，包括采购费、仓储费、工地保管费、仓储损耗。计算时采购的方式、批次、数量以及材料保管的方式及天数不同，其费用也不相同。

(6) 材料检验试验费的确定

是指对建筑材料、构件和建筑安装物进行一般鉴定、检查所发生的费用，包括自设实验室进行试验所耗用的材料和化学药品等费用，不包括新结构、新材料的试验费和建设单位对具有出厂合格证明的材料进行的检验和对构件做破坏性试验及其他特殊要求检验试验的费用。

(7) 风险的确定

风险主要指材料价格浮动。由于工程所用材料不可能在工程开工初期一次全部采购完毕，所以随着时间的推移，市场的变化造成材料价格的变动给承包商造成的材料费风险。

综上所述，材料单价的计算公式可定为：

$$\text{材料单价}=\text{材料原价}+\text{包装费}+\text{采购及保管费用}+\text{运输费用}+\text{材料的检验试验费用}+\text{风险} \tag{2-9}$$

五、施工机械使用费的确定

(一) 施工机械使用费

施工机械使用费是指使用施工机械作业所发生的机械使用费以及机械安、拆和进出场费，其中的施工机械不包括为管理人员配置的小车以及用于通勤任务的车辆等不参与施工生产的机械设备的台班费。

(二) 施工机械使用费的确定

施工机械使用费＝∑（工程施工中消耗的施工机械台班量×机械台班综合单价）＋施工机械进出场费及安拆费（不包括大型机械）

1. 机械台班综合单价的确定

$$\text{机械台班综合单价}=\sum(\text{不同来源的同类机械台班单价}\times\text{权数}) \tag{2-10}$$

其中权数是根据各不同来源渠道的机械占同类施工机械总量的比重取定。

2. 机械台班单价的确定

机械台班单价的计算公式为：

$$\text{机械台班单价}=\text{折旧费}+\text{大修理费}+\text{经常修理费}+\text{安拆及场外运输费}+\text{燃料动力费}+\text{机上人工费}+\text{其他费用} \tag{2-11}$$

(1) 折旧费的确定

折旧费是指机械在规定使用期限内，陆续收回其原值的费用及支付贷款利息的费用。

$$\text{台班折旧费}=\frac{\text{机械预算价格}\times(1-\text{残值率})\times\text{贷款利息系数}}{\text{耐用总台班}} \tag{2-12}$$

其中残值率指施工机械报废时其回收的残余价值占机械原值（即机械预算价格）的比例，各类施工机械的残值率如下：

运输机械　　2%

特大型机械　　3%

中、小型机械　　4%

掘进机械　　5%

贷款利息系数是指为补偿企业贷款购置机械设备所支付的利息，从而合理反映资金时间价值，以大于1的贷款利息系数，将贷款利息（单利）分摊在台班的折旧费中。

$$\text{贷款利息系数}=1+\frac{n+1}{2}i \tag{2-13}$$

式中 n——此类机械的折旧年限；

i——当年设备更新贷款年利率。

（2）大修理费的确定

大修理费是指机械设备按规定的大修间隔台班进行必要的大修理，以恢复机械正常功能所需的全部费用；台班大修理费则是机械寿命期内全部大修理费之和在台班费中的分摊额，其计算公式为

$$台班大修理费=\frac{一次大修理费\times 寿命期内大修理次数}{耐用总台班} \tag{2-14}$$

一次大修理费指机械设备按规定的大修理范围和工作内容，进行一次全面修理所需消耗的工时、配件、辅助材料、油燃料以及送修运输等全部费用。

寿命期大修理次数指机械设备为恢复原功能按规定在寿命期内需要进行的大修理次数。

（3）经常修理费的确定

经常修理费指施工机械除大修理以外的各级保养和临时故障排除所需的费用。包括为故障机械正常运转所需替换设备与随机配备工具附具的摊销和维护费用，机械运转及日常保养所需润滑与擦拭的材料费用，机械停止期间的维护和保养费用等。

$$台班经常修理费=\frac{\sum\left(\frac{各级保养}{一次费用}\times\frac{寿命期各级}{保养总次数}\right)+临时故障排除费用}{耐用总台班}+\frac{替换设备}{台班摊销费}+\frac{工具附具}{台班摊销费}+例保辅料费 \tag{2-15}$$

为简化计算，也可采用下列公式：

$$台班经常修理费=台班大修费\times K$$

$$K=\frac{台班经常修理费}{台班大修费} \tag{2-16}$$

（4）安拆费及场外运输费的确定

安拆费指机械在施工现场进行安装、拆卸所需人工、材料、机械和试运转费用，包括机械辅助设施（如：基础、底座、行走轨道等）的折旧、塔设、拆除等费用。

场外运费指机械整体或分体自停置地点运至现场或一个工地运至另一个工地的运输、装卸、辅助材料以及架线等费用。

$$台班安拆费=\frac{机械一次安拆费\times 年平均安拆次数}{年工作台班}+台班辅助设施费 \tag{2-17}$$

（5）燃料动力费的确定

燃料动力费是指机械在运转或施工作业中所耗用的固体燃料（煤炭、木材）、液体燃料（汽油、柴油）、电力、水和风力等费用。计算公式为：

$$台班燃料动力费=台班燃料动力消耗量\times 相应单价 \tag{2-18}$$

（6）机上人工费的确定

机上人工费指机上司机、司炉和其他操作人员的工作日以及上述人员在机械规定的年工作台班以外的人工费用。

$$台班人工费=定额机上人工工日\times 日工资单价 \tag{2-19}$$

（7）其他费用的确定

其他费用是指施工机械按照国家规定和有关部门规定应缴纳的养路费、车船使用税、保险费及年检费等。

3. 大型机械设备使用费、进出场费及安拆费

在传统的概、预算定额中，施工机械使用费不包括大型机械设备使用费、进出场费及安拆费，其费用一般作为措施费用单独计算。

在工程量清单计价模式下，此项费用的处理方式与概预算定额的处理方式不同，大型机械设备的使用费作为机械台班使用费，按相应分项工程项目分摊计入直接工程费的施工机械使用费中，而大型机械设备进出场费及安拆费则作为措施费用计入措施费用项目中。

六、管理费的组成及计算

（一）管理费的组成

管理费是指组织施工生产和经营管理所需的费用，其内容包括：

1. 工作人员的工资　工作人员指管理人员和辅助服务人员，其工资包括：基本工资、工资性补贴、职工福利费、劳动保护费、住房公积金、劳动保险费、危险作业意外伤害保险费、工会费用、职工教育经费等。

2. 办公费　办公费是指企业办公用的文具、纸张、账表、印刷、邮电、书报、会议、水电，以及取暖等费用。

3. 差旅交通费　差旅交通费是指企业管理人员因公出差和调动工作的差旅费、住勤补助费、市内交通费和误餐补助费、探亲路费、劳动力招募费、离退休职工一次性路费、工伤人员就医路费、工地转移费，以及管理部门使用的交通工具的油料燃料费和养路费及牌照费。

4. 固定资产使用费　固定资产使用费是指管理和试验部门及附属生产单位使用的属于固定资产的房屋、设备仪器的折旧、大修理、维修或租赁费。

5. 工具、用具使用费　工具用具使用费是指管理使用的不属于固定资产的生产工具、器具、家具、交通工具和检验、试验、测绘、消防用具等的购置、维修和摊销费。

6. 保险费　保险费是指施工管理用财产、车辆保险费。

7. 税金　税金是指企业按规定缴纳的房产税、车船使用税、土地使用税、印花税等。

8. 财务费用　财务费用是指企业为筹集资金而发生的各种费用，包括企业经营期间发生的短期贷款利息支出、汇兑净损失、调剂外汇手续费、金融机构手续费，以及企业筹集资金而发生的其他财务费用。

9. 劳动保险费是指由企业支付离退休职工的异地安家补助费、职工退职金、六个月以上的病假人员工资、职工死亡丧葬补助费、抚恤费，按规定支付给离休干部的各项经费。

10. 工会经费是指企业按职工工资总额计提的工会经费。

11. 职工教育经费是指企业为职工学习先进技术和提高文化水平，按职工工资总额计提的费用。

12. 其他费用　其他费用包括技术转让费、技术开发费、业务招待费、绿化费、广告费、公证费、法律顾问费、审计费、咨询费等。

（二）管理费开支的工作人员

由管理费开支的工作人员包括管理人员、辅助服务人员和现场保安人员。

管理人员一般包括：项目经理、施工队长、工程师、技术员、财会人员、预算人员、机械师等。

辅助服务人员一般包括：生活管理员、炊事员、医务员、翻译员、小车司机和勤杂人员等。

为了有效地控制管理费开支，降低管理费标准，增强企业的竞争力，在投标初期就应严格控制管理人员和辅助服务人员的数量，同时合理确定其他管理费开支项目的水平。

（三）管理费的计算

管理费的计算主要有两种方法：

1. 公式计算法

利用公式计算管理费的方法比较简单，也是投标人经常采用的一种计算方法。其计算公式为

$$\text{管理费}=\text{计算基数}\times\text{施工管理费率（\%）} \tag{2-20}$$

其中，管理费率的计算根据计算基数不同，分为三种：

（1）以直接工程费为计算基础

$$\text{管理费率（\%）}=\frac{\text{生产工人年平均管理费}}{\text{年有效施工天数}\times\text{人工单价}}\times\text{人工费占直接工程费比例（\%）} \tag{2-21}$$

或其等效式

$$\text{管理费率（\%）}=\frac{\text{生产工人年平均管理费}}{\text{建安生产工人年均直接费}}\times 100\% \tag{2-22}$$

（2）以人工费为计算基础

$$\text{管理费率（\%）}=\frac{\text{生产工人年平均管理费}}{\text{年有效施工天数}\times\text{人工单价}}\times 100\% \tag{2-23}$$

或其等效式

$$\text{管理费率（\%）}=\frac{\text{生产工人年平均管理费}}{\text{建安生产工人年均直接费}\times\text{人工费占直接工程费比例（\%）}}\times 100\% \tag{2-24}$$

（3）以人工费和机械费合计为计算基础

$$\text{管理费率（\%）}=\frac{\text{生产工人年平均管理费}}{\text{年有效施工天数}\times\text{（人工单价+每一工日机械使用费）}}\times 100\% \tag{2-25}$$

以上测定公式中的基本数据应通过以下途径来合理取定：

（1）分子与分母的计算口径应一致，即：分子的生产工人年平均管理费是指每一个建安生产工人年平均管理费，分母中的有效工作天数和建安生产工人年均直接费也是指以每一个建安生产工人的有效工作天数和每一个建安生产工人年均直接费。

（2）生产工人年平均管理费的确定，应按照工程管理费的划分，依据企业近年有代表性的工程会计报表中的管理费的实际支出，剔除其不合理开支，分别进行综合平均核定全员年均管理费开支额，然后分别除以生产工人占职工平均人数的百分比，即得每一生产工人年均管理费开支额。

（3）生产工人占职工平均人数的百分比的确定，按照计算基础、项目特征，充分考虑

改进企业经营管理，减少非生产人员的措施进行确定。

（4）有效施工天数的确定，必要时可按不同工程、不同地区适当区别对待。在理论上，有效施工天数等于工期。

（5）人工单价，是指生产工人的综合工日单价。

（6）人工费占直接工程费的百分比，应按专业划分，不同建筑安装工程人工费的比重不同，按加权平均计算核定。

2. 费用分析法

用费用分析法计算管理费，就是根据管理费的构成，结合具体的工程项目，确定各项费用的发生额。计算公式为

管理费＝管理人员及辅助服务人员的工资＋办公费＋差旅交通费＋固定资产使用费＋工具用具使用费＋保险费＋税金＋财务费用＋其他费用　　(2-26)

在计算管理费之前，应确定以下基础数据，这些数据是通过计算直接工程费和编制施工组织设计和施工方案取得的，这些数据包括：生产工人的平均人数；施工高峰期生产工人人数；管理人员及辅助服务人员总数；施工现场平均职工人数；施工高峰期施工现场职工人数；施工工期。

其中：管理人员及辅助服务人员总数的确定，应根据工程规模、工程特点、生产工人人数，施工机具的配置和数量，以及企业的管理水平进行确定。

（1）管理人员及辅助服务人员的工资。

公式为：

管理人员及辅助服务人员数×综合人工工日单价×工期（日）　　(2-27)

其中：综合人工工日单价可采用直接费中生产工人的综合工日单价，也可参照其计算方法另行确定。

（2）办公费：按每名管理人员每月办公费消耗标准乘以管理人员人数，再乘以施工工期（月）。管理人员每月办公费消耗标准可以从以往完成的施工项目的财务报表中分析取得。

（3）差旅交通费　因公出差、调动工作的差旅费和住勤补助费、市内交通费和误餐补助费、探亲路费、劳动力招募费、离退休职工一次性路费、工伤人员就医路费、工地转移费的计算可按“办公费”的计算方法确定。

管理部门使用的交通工具的油料燃料费和养路费及牌照费。

油料燃料费＝机械台班动力消耗×动力单价×工期（天）×综合利用率（%）　　(2-28)

养路费及牌照费按当地政府规定的月收费标准乘以施工工期（月）。

（4）固定资产使用费：根据固定资产的性质、来源、资产原值、新旧程度，以及工程结束后的处理方式确定固定资产使用费。

（5）工具用具使用费。

公式为

年人均使用额×施工现场平均人数×工期（年）　　(2-29)

工具用具年人均使用额可以从以往完成的施工项目的财务报表中分析取得。

（6）财产保险费：通过保险咨询，确定施工期间要投保的施工管理用财产和车辆应缴

纳的保险费用。

(7) 税金：税金的计算可以根据国家规定的有关税种和税率逐项计算，也可以根据以往工程的财务数据推算取得。

(8) 财务费用：包括企业经营期间发生的短期贷款利息支出、汇兑净损失、调剂外汇手续费、金融机构手续费，以及企业筹集资金而发生的其他财务费用。

财务费计算按下列公式执行

$$财务费=计算基数\times财务费费率(\%) \tag{2-30}$$

财务费费率依据下列公式计算：

1) 以直接工程费为计算基础

$$财务费费率(\%)=\frac{年均存贷款利息净支出+年均其他财务费用}{全年产值\times直接工程费占总造价比例(\%)} \tag{2-31}$$

2) 以人工费为计算基础

$$财务费费率(\%)=\frac{年均存贷款利息净支出+年均其他财务费用}{全年产值\times人工费占总造价比例(\%)} \tag{2-32}$$

3) 以人工费和机械费合计为计算基础

$$财务费费率(\%)=\frac{年均存贷款利息净支出+年均其他财务费用}{全年产值\times人工费和机械费之和占总造价比例(\%)} \tag{2-33}$$

另外，财务费用还可以从以往的财务报表及工程资料中，通过分析平衡估算取得。

(9) 劳动保险费：按规定支付各项经费。

(10) 工会经费：企业按职工工资总额计提。

(11) 职工教育经费：按职工工资总额计提。

(12) 其他费用：可根据以往工程的经验估算。

管理费对不同的工程，以及不同的施工单位是不一样的，这样使不同的投标单位具有不同的竞争实力。

七、利润的组成及计算

利润，是指施工企业完成所承包工程应收回的酬金。从理论上讲，企业全部劳动成员的劳动，除掉因支付劳动力按劳动力价格所得的报酬以外，还创造了一部分新增的价值，这部分价值凝固在工程产品之中，这部分价值的价格形态就是企业的利润。

在工程量清单计价模式下，利润不单独体现，而是被分别计入分部分项工程费、措施项目费和其他项目费当中。

利润的计算公式为：

$$利润=计算基础\times利润率(\%) \tag{2-34}$$

其计算基础可以为“人工费”、“人工费加机械费”或“直接费”。

利润是企业最终的追求目标，企业的一切生产经营活动都是围绕着创造利润进行的。利润是企业扩大再生产、增添机械设备的基础，也是企业实行经济核算，使企业成为独立经营、自负盈亏的市场竞争主体的前提和保证。

因此，合理地确定利润水平（利润率）对企业的生存和发展是至关重要的。在投标报价时，要根据企业的实力、投标策略，以发展的眼光来确定各种费用水平，包括利润水平，使本企业的投标报价既具有竞争力，又能保证其他各方面的利益的实现。

八、分部分项工程量清单综合单价的计算

分部分项工程量清单综合单价由上述五部分费用组成，即人工费、材料费、机械费、管理费和利润，其项目内容包括清单项目主项，以及主项所综合的工程内容。按上述五项费用分别对项目内容计价，合计后形成分部分项工程量清单综合单价，对于清单表中已列项，但未进行计价的内容，招标人有权认为此价格已包含在其他项目内。举例如表 2-1、表 2-2。

分部分项工程和单价措施项目计价表　　　　表 2-1

工程名称：某教学楼土建工程　　　　第　页　共　页

<table>
<tr><th rowspan="2">序号</th><th rowspan="2">项目编码</th><th rowspan="2">项目名称</th><th rowspan="2">项目特征描述</th><th rowspan="2">计量单位</th><th rowspan="2">工程量</th><th colspan="3">金额（元）</th></tr>
<tr><th>综合单价</th><th>合价</th><th>其中：暂估计</th></tr>
<tr><td>1</td><td>010101002001</td><td>挖一般土方</td><td>人工挖土方　三类土
人工装汽车运土方 5km</td><td>m^3</td><td>1848</td><td>44.82</td><td>82827.36</td><td></td></tr>
</table>

综合单价分析表　　　　表 2-2

工程名称：某教学楼土建工程　　标段：　　　　第　页　共　页

<table>
<tr><td>项目编码</td><td>010101002001</td><td>项目名称</td><td colspan="2">挖一般土方</td><td colspan="2">计量单位</td><td colspan="2">m^3</td><td>工程量</td><td colspan="2">1848</td></tr>
<tr><td colspan="12">清单综合单价组成明细</td></tr>
<tr><td rowspan="2">定额编号</td><td rowspan="2">定额名称</td><td rowspan="2">定额单位</td><td rowspan="2">数量</td><td colspan="4">单　价</td><td colspan="4">合　价</td></tr>
<tr><td>人工费</td><td>材料费</td><td>机械费</td><td>管理费和利润</td><td>人工费</td><td>材料费</td><td>机械费</td><td>管理费和利润</td></tr>
<tr><td>1－2</td><td>人工挖土方</td><td>m^3</td><td>1.00</td><td>11.33</td><td>—</td><td>—</td><td>4.76</td><td>11.33</td><td>—</td><td>—</td><td>4.76</td></tr>
<tr><td>1－15</td><td>余土运输</td><td>m^3</td><td>1.00</td><td>3.00</td><td>—</td><td>17.37</td><td>8.56</td><td>3.00</td><td>—</td><td>17.37</td><td>8.56</td></tr>
<tr><td colspan="2">人工单价</td><td colspan="6">小　计</td><td>14.33</td><td>—</td><td>17.37</td><td>13.32</td></tr>
<tr><td colspan="2">23.46 元/工日</td><td colspan="6">未计价材料费</td><td colspan="4"></td></tr>
<tr><td colspan="8">清单项目综合单价</td><td colspan="4">45.02</td></tr>
<tr><td rowspan="8">材料费明细</td><td colspan="5">主要材料名称、规格、型号</td><td>单位</td><td>数量</td><td>单价（元）</td><td>合价（元）</td><td>暂估单价（元）</td><td>暂估合价（元）</td></tr>
<tr><td colspan="5"></td><td></td><td></td><td></td><td></td><td></td><td></td></tr>
<tr><td colspan="5"></td><td></td><td></td><td></td><td></td><td></td><td></td></tr>
<tr><td colspan="5"></td><td></td><td></td><td></td><td></td><td></td><td></td></tr>
<tr><td colspan="5"></td><td></td><td></td><td></td><td></td><td></td><td></td></tr>
<tr><td colspan="5"></td><td></td><td></td><td></td><td></td><td></td><td></td></tr>
<tr><td colspan="7">其他材料费</td><td>—</td><td></td><td>—</td><td></td></tr>
<tr><td colspan="7">材料费小计</td><td>—</td><td></td><td>—</td><td></td></tr>
</table>

注：1.“数量”栏为“投标方（定额）工程量÷招标方（清单）工程量÷定额单位数量”如“1.00”为“1848÷1848÷1”。

2. 管理类费率为 34％，利润率为 8％，均以直接费为基数。

第三节　措施项目费的构成及计算

一、措施项目费用

措施项目费是指工程量清单中，除工程量清单项目费用以外，为保证工程顺利进行，按照国家现行有关建设工程施工及验收规范、规程要求，必须配套完成的工程内容所需的费用。根据2013年各相关专业工程现行国家计量规范规定，其包括的内容如表2-3所示。

措施项目一览表　　**表2-3**

序号	项目名称
1　房屋建筑与装饰工程	
1.1	脚手架工程
1.2	混凝土模板及支架（撑）
1.3	垂直运输
1.4	超高施工增加
1.5	大型机械设备进出场及安拆
1.6	施工排水、降水
1.7	安全文明施工及其他措施项目
2　通用安装工程	
2.1	专业措施项目
2.2	安全文明施工及其他措施项目
3　市政工程	
3.1	脚手架工程
3.2	混凝土模板及支架
3.3	围堰
3.4	便道及便桥
3.5	洞内临时设施
3.6	大型机械设备进出场及安拆
3.7	施工排水、降水
3.8	处理、监测、监控
3.9	安全文明施工及其他项目措施项目
4　园林绿化工程	
4.1	脚手架工程
4.2	模板工程
4.3	树木支撑架、草绳绕树干、搭设遮阴（防寒）棚工程
4.4	围堰、排水工程
4.5	安全文明施工及其他项目措施项目
5　矿山工程	
5.1	临时支护
5.2	露天矿山
5.3	凿井
5.4	大型机械设备进出场及安拆
5.5	安全文明施工及其他项目措施项目

续表

序号	项　目　名　称
6　构筑物工程	
6.1	脚手架工程
6.2	现浇混凝土构筑物模板
6.3	垂直运输
6.4	大型机械设备进出场及安拆
6.5	施工排水降水
6.6	安全文明施工及其他项目措施项目
7　城市轨道交通工程	
7.1	围堰及筑岛
7.2	便道及便桥
7.3	脚手架
7.4	支架
7.5	洞内临时设施
7.6	临时支撑
7.7	施工监测、监控
7.8	大型机械设备进出场及安拆
7.9	施工排水降水
7.10	设施、处理、干扰及交通条例
7.11	安全文明施工及其他项目措施项目
8　爆破工程	
8.1	爆破震动监测
8.2	爆破冲击波监测
8.3	爆破噪声监测
8.4	减震沟或减振孔
8.5	抗震加固措施
8.6	粉尘防护
8.7	滚跳石防护

影响措施项目设置的因素太多，“措施项目一览表”中不能一一列出，因情况不同，出现表中未列的措施项目，工程量清单编制人可作补充。补充项目应列在清单项目最后，并在“序号”栏中以“补”字示之。

二、措施项目费的计算

（一）实体措施费的计算

实体措施费是指工程量清单中，为保证某类工程实体项目顺利进行，按照国家现行有关建设工程施工及验收规范、规程要求，必须配套完成的工程内容所需的费用。

实体措施费计算方法有两种：

1. 系数计算法　系数计算法是用于措施项目有直接关系的工程项目直接工程费（或

人工费或人工费与机械费之和）合计作为计算基数，乘以实体措施费用系数。

实体措施费用系数是根据以往有代表性工程的资料，通过分析计算取得的。

2. 方案分析法　方案分析法是通过编制具体的措施实施方案，对方案所涉及的各种经济技术参数进行计算后，确定实体措施费用。

（二）配套措施费的计算

配套措施费不是为某类实体项目，而是为保证整个工程项目顺利进行，按照国家现行有关建设工程施工及验收规范、规程要求，必须配套完成的工程内容所需的费用。

配套措施费计算方法也包括系数计算法和方案分析法两种：

1. 系数计算法　系数计算法是用整体工程项目直接工程费（或人工费，或人工费与机械费之和）合计作为计算基数，乘以配套措施费用系数。

配套措施费用系数是根据以往有代表性工程的资料，通过分析计算取得的。

2. 方案分析法　方案分析法是通过编制具体的措施实施方案，对方案所涉及的各种经济技术参数进行计算后，确定配套措施费用。

第四节　其他项目费的构成及计算

一、其他项目费的构成

其他项目费是指暂列金额，暂估价（包括材料暂估单价、工程设备暂估价、专业工程暂估价）、计日工、总承包服务费等估算金额的总和。

其他项目清单由招标人部分、投标人部分和竣工结算三部分内容组成。其他项目清单与计价汇总表见表 2-4 所示。

其他项目清单与计价汇总表　　**表 2-4**

序　号	项目名称	金额（元）	结算金额（元）	备　注
1	暂列金额			
2	暂估价			
2.1	材料（工程设备）暂估价/结算价			
2.2	专业工程暂估价/结算价			
3	计日工			
4	总承包服务费			
5				
合　计				

注：材料（工程设备）暂估单价进入清单项目综合单价，此处不汇总。

二、其他项目费的计算

（一）招标人部分

1. 暂列金额。为保证工程施工建设的顺利实施，应对施工过程中可能出现的各种不确定因素对工程造价的影响，在招标控制价中需估算一笔暂列金额。暂列金额可根据工程的复杂程度、设计深度、工程环境条件（包括地质、水文、气候条件等）进行估算，一般可按分部分项工程费和措施项目费的10％～15％作为参考。

2. 暂估价。暂估价包括材料暂估价、工程设备暂估价和专业工程暂估价。编制招标控制价时：

材料暂估单价应按工程造价管理机构发布的工程造价信息中的材料单价计算，工程造价信息未发布的材料单价，其单价参考市场价格估算。

专业工程暂估价应分不同的专业，按有关计价规定进行估算。

3. 计日工。计日工包括计日工人工、材料和施工机械。在编制招标控制价时，对计日工中的人工单价和施工机械台班单价应按省级、行业建设主管部门或其授权的工程造价管理机构公布的单价计算；材料应按工程造价管理机构发布的工程造价信息中的材料单价计算，工程造价信息未发布材料单价的材料，其价格应按市场调查确定的单价计算。

4. 总承包服务费。编制招标控制价时，总承包服务费应按照省级或行业建设主管部门的规定计算，以下标准仅供参考：

（1）招标人仅要求对分包的专业工程进行总承包管理和协调时，按分包的专业工程估算造价的1.5％计算；

（2）招标人要求对分包的专业工程进行总承包管理和协调，并同时要求提供配合服务时，根据招标文件列出的配合服务内容和提出的要求，按分包的专业工程估算造价的3％～5％计算；

（3）招标人自行供应材料的，按招标人供应材料价值的1％计算。

（二）投标人部分

1. 暂列金额应按照其他项目清单中列出的金额填写，不得变动；

2. 暂估价不得变动和更改。暂估价中的材料必须按照暂估单价计入综合单价；专业工程暂估价必须按照其他项目清单中列出的金额填写；

3. 计日工应按照其他项目清单列出的项目和估算的数量，自主确定各项综合单价并计算费用；

4. 总承包服务费应依据招标人在招标文件中列出的分包专业工程内容和供应材料、设备情况，按照招标人提出的协调、配合与服务要求和施工现场管理需要自主确定。

（三）竣工结算部分

1. 计日工的费用应按发包人实际签证确认的数量和合同约定的相应项目综合单价计算；

2. 若暂估价中的材料是招标采购的，其材料单价按中标价在综合单价中调整。若暂估价中的材料为非招标采购的，其单价按发、承包双方最终确认的材料单价在综合单价中调整。

若暂估价中的专业工程是招标分包的，其专业工程分包费按中标价计算。若暂估价中的专业工程为非招标分包的，其专业工程分包费按发、承包双方与分包人最终结算确认的金额计算。

3. 总承包服务费应依据合同约定的金额计算，发、承包双方依据合同约定对总承包服务费进行了调整，应按调整后的金额计算。

4. 索赔事件产生的费用在办理竣工结算时应在其他项目费中反映。索赔费用的金额应依据发、承包双方确认的索赔事项和金额计算。

5. 现场签证发生的费用在办理竣工结算时应在其他项目费中反映。现场签证费用金额依据发、承包双方签证确认的金额计算。

6. 合同价款中的暂列金额在用于各项价款调整、索赔与现场签证后，若有余额，则余额归发包人，若出现差额，则由发包人补足并反映在相应项目的工程价款中。

第五节　规费的组成及计算

一、规费

规费是根据国家法律、法规规定，由省级政府或省级权力部门规定施工企业必须缴纳的，允许计入工程造价的各项税和费，主要包括：

1. 社会保障费

(1) 养老保险费：是指企业按规定标准为职工缴纳的基本养老保险费。

(2) 失业保险费：是指企业按照国家规定标准为职工缴纳的失业保险费。

(3) 医疗保险费：是指企业按规定标准为职工缴纳的费用。

(4) 工伤保险费：是指企业依照工伤保险规定的缴费比例缴纳的费用。

(5) 生育保险费：是指企业依照国家规定为职工缴纳的费用。

2. 住房公积金：是指企业按规定标准职工缴纳的住房公积金。

3. 工程排污费：是指施工现场按规定缴纳的排污费用。

二、规费的计算

(一) 规费的计算按下面的公式执行：

$$规费=计算基数\times规费费率(1\%) \tag{2-35}$$

(二) 规费费率的计算

1. 规费费率的计算步骤：

根据本地区典型工程发承包价的分析资料综合取定规费计算中所需数据。

(1) 每万元发承包价中人工费含量和机械费含量。

(2) 人工费占直接工程费的比例。

(3) 每万元发承包价中所含规费缴纳标准的各项基数。

2. 规费费率的计算公式：

(1) 以直接工程费为计算基础

$$规费费率(\%)=\frac{\sum 规费缴纳标准\times每万元发承包价计算基数}{每万元承发包价中的人工费含量}\times人工费占直接工程费比例(\%) \tag{2-36}$$

(2) 以人工费为计算基础

$$规费费率(\%)=\frac{\sum 规费缴纳标准\times每万元发承包价计算基数}{每万元承发包价中的人工费含量}\times100\% \tag{2-37}$$

（3）以人工费和机械费合计为计算基础

$$规费费率（\%）=\frac{\sum 规费缴纳标准\times 每万元发承包价计算基数}{每万元承发包价中的人工费和机械费含量}\times 100\% \quad (2\text{-}38)$$

规费费率一般以当地政府或有关部门制定的费率标准执行。

第六节　税金的组成及计算

一、税金

税收是国家凭借政治权力，把一部分国民经济收入以税金形式转变为国家所有的一种分配制度。税收的特征，一是具有法制性，各种税目和税率由国家决定，对一切从事生产经营的单位和个人均普遍适用。纳税人必须依照税法条例按期缴纳税金。二是无偿性，国家依法征税无须偿还，也不需对纳税人付出任何代价。三是稳定性，即各种税目所确定的课税主体、课税对象和课税税率，都具有较长时间的延续性，以保持国家财政收入的稳定性。

建筑安装工程税金，是指国家依照法律条例规定，向从事建筑安装工程的生产经营者征收的财政收入。其中包括营业税、城市维护建设税、教育费附加和地方教育附加等。

1. 营业税　根据国家营业税条例规定，对国营、集体和个体建筑安装企业承包建筑、修缮、安装及其他工程作业所取得的收入都应征收营业税，应纳的税款准许计入工程预算造价之内。

建筑安装企业承包建筑安装工程和修缮业务，实行分包和转包形式的，其分包和转包收入应纳的营业税，由总包人缴纳。

营业税的收入，70%作为中央预算收入入库，30%作为地方预算收入入库。缴纳地点为承包的工程所在地。

2. 城市维护建设税　城市维护建设税是为扩大和稳定城市、乡镇的公用事业和公共设施维护资金的来源，凡缴纳产品税、增值税、营业税的单位和个人，都是城市维护建设税的纳税人，按照上述税额为基数，同时缴纳城市维护建设税。

3. 教育费附加　为加快发展地方教育事业，扩大地方教育经费的资金来源，凡缴纳产品税、增值税、营业税的单位和个人，都应按照规定同时缴纳教育费附加。教育费附加，以各单位和个人实际缴纳的产品税、增值税、营业税的税额为计征依据。

二、税金的计算

（一）税率的确定

1. 营业税的税率

国家规定，建筑安装工程营业税按营业收入额（即建筑安装工程全部收入）的3%计算。

2. 城市维护建设税的税率

国家规定，城市维护建设税的税率要根据纳税人所在地不同，分三种情况予以确定。

纳税人所在地在市区者，为营业税的7%，即：

$$3\%\times 7\%=0.21\%$$

纳税人所在地在县城、镇者，为营业税的5%，即：

$$3\% \times 5\% = 0.15\%$$

纳税人所在地不在市区、县城或镇者，为营业税的1%，即：

$$3\% \times 1\% = 0.03\%$$

3. 教育费附加税的税率

过去国家规定教育费附加税率为营业税的1%，目前有些地方已提高到3%，即：

$$3\% \times 3\% = 0.09\%$$

4. 地方教育附加的税率

国家规定地方教育附加为营业税的2%，即：

$$3\% \times 2\% = 0.06\%$$

5. 纳税税率的确定　将上述四项税率分别汇总，即可得纳税税率。

纳税人所在地在市区者的税率：

$$3\% + 3\% \times 7\% + 3\% \times 3\% + 3\% \times 2\% = 3.36\%$$

纳税人所在地在县城、镇者的税率：

$$3\% + 3\% \times 5\% + 3\% \times 3\% + 3\% \times 2\% = 3.30\%$$

纳税人所在地不在市区、县城或镇者的税率：

$$3\% + 3\% \times 1\% + 3\% \times 3\% + 3\% \times 2\% = 3.18\%$$

（二）应纳税额

以上税率是按建筑安装工程全部收入为计税基础，所以，应纳税额可用公式表示为：

应纳税额＝含税工程造价×税率

其中，含税工程造价＝不含税工程造价＋应纳税额

所以，$\text{应纳税额} = \dfrac{\text{不含税工程造价}}{1 - \text{税率}} \times \text{税率}$

将以上税率代入上式即得：

纳税人所在地在市区：应纳税额＝不含税工程造价×3.48%

纳税人所在地在县城、镇：应纳税额＝不含税工程造价×3.41%

纳税人所在地不在市区、县城、镇：应纳税额＝不含税工程造价×3.28%

第三章　国外建筑工程造价构成

国外工程是指在本国领土以外的其他国发生的建设工程项目。要打入他国家建筑市场，参与国际竞争，必须懂得国际通用的工程建设程序，了解国际建设工程承包应遵循的法则，以及国外工程价格的构成。

建设项目，从计划建设到建成投产，一般要经过项目确定、设计、施工、试车和竣工验收交付使用等阶段，各国在程序划分上可能存在某些差距，但基本程序是相同的，归纳起来可分为项目投资决策阶段、项目实施阶段及生产阶段，如图 3-1 所示。

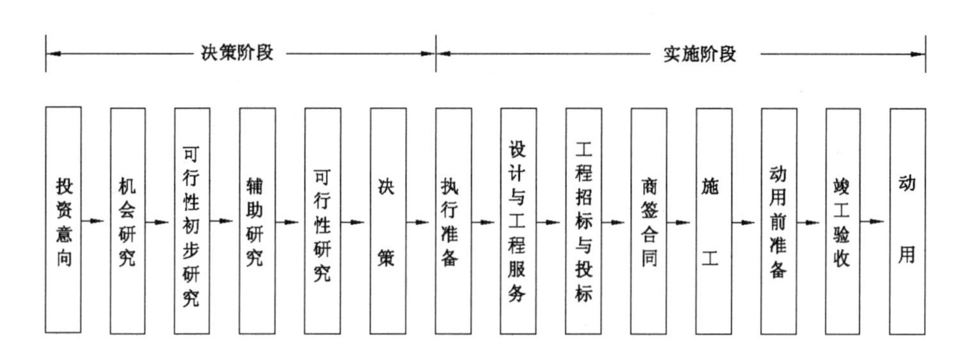

图 3-1　国外常见工程项目建设程序

第一节　国际工程承包

（一）国际工程承包的定义

国际工程承包的含义是在国际建筑市场上，一国的承包商对他国业主作出承诺，负责按对方的要求完成某一工程的全部或其中一部分工作，并按商定的价格取得相应的报酬。在交易过程中，承发包双方之间存在着经济上、法律上的权利、义务与责任等各项关系，依法通过合同予以明确。双方都必须认真按合同规定办事。

（二）国际工程承包方式

工程承包方式是指工程承发包双方之间经济关系的形式。受承包内容和具体环境的影响，承包方式多种多样。一般工程承包方式的划分标准有以下几种：按承包范围划分、按承包者所处地位划分、按获得承包任务的途径划分和按合同类型及计价方法划分，如图 3-2 所示。

（三）国际工程承包的内容

国际工程项目承包的内容：一个工程项目建设被接受后，它的整个建设过程包括投资机会选择、可行性研究、项目设计、施工安装、竣工验收交付使用等全过程的工作。工程承包的内容，就其总体来说，就是建设过程各个阶段的全部工作。对于一个单位来说，一

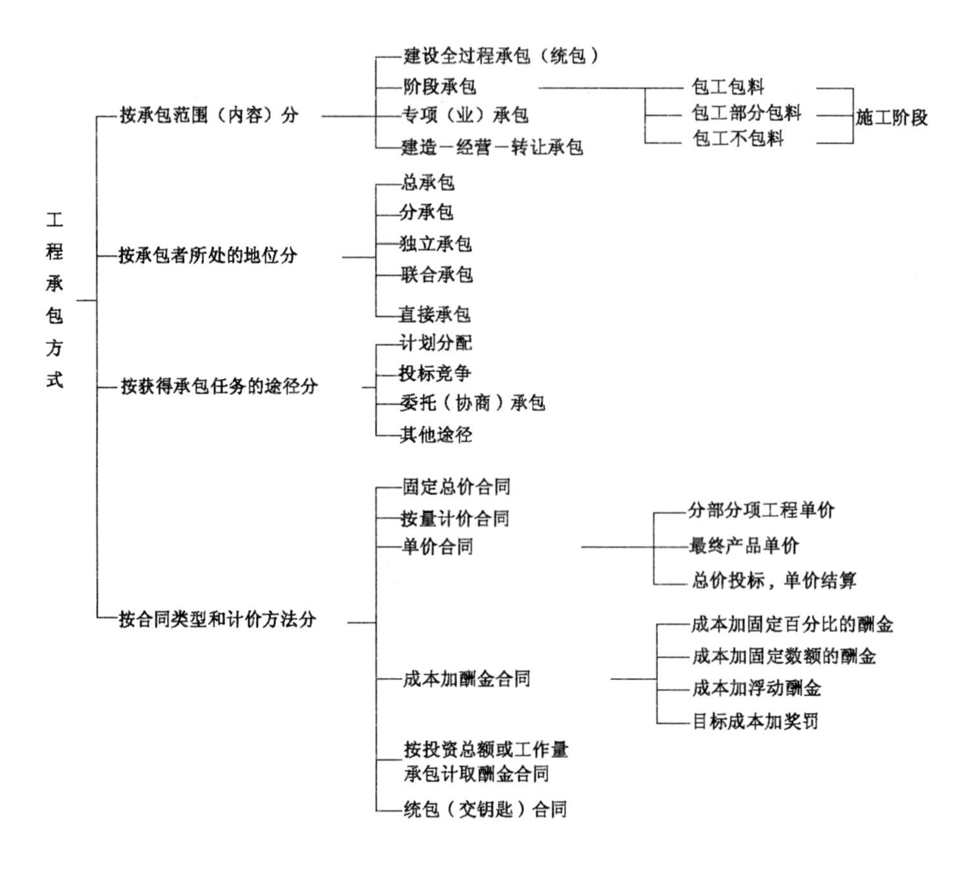

图 3-2　工程承包方式分类

项承包活动可以是建设过程的全部工作，也可以是建设过程中某阶段的全部或部分工作。由于承包企业的规模、性质不同，具体承包内容也不同。

工程承包内容的确定，按承包范围划分有以下四种：

1. 建设全过程承包　建设全过程承包也叫“统包”，或“一揽子承包”，即通常所说的“交钥匙”。采用这种承包方式，建设单位一般只要提出使用要求和竣工期限，承包单位即可对项目建议书、可行性研究、勘察设计、设备询价与选购、材料订货、工程施工、生产职工培训直至竣工投产，实行全过程、全面的总承包，并负责对各项分包任务进行综合管理、协调和监督工作。为了有利于建设和生产的衔接，必要时也可以吸收建设单位的部分力量，在承包单位的统一组织下，参加工程建设的有关工作。这种承包方式要求承发包双方密切配合；涉及决策性质的重大问题仍应由建设单位或其上级主管部门作最后的决定。这种承包方式主要适用于各种大中型建设项目。它的好处是可以积累建设经验和充分利用已有的经验，节约投资，缩短建设周期并保证建设的质量，提高经济效益。当然，也要求承包单位必须具有雄厚的技术经济实力和丰富的组织管理经验。适应这种要求，国外某些大承包商往往和勘察设计单位组成一体化的承包公司，或者更进一步扩大到若干专业承包商和器材生产供应厂商，形成横向的经济联合体。这是近几十年来建筑业一种新的发展趋势。改革开放以来，我国各部门和地方建立的建设工程总承包公司即属于这种性质的承包单位。

2. 阶段承包　阶段承包的内容是建设过程中某一阶段或某些阶段的工作。例如可行性研究，勘察设计，建筑安装施工等。在施工阶段，还可依承包内容的不同，细分为 3 种方式：

(1) 包工包料。即承包工程施工所用的全部人工和材料。这是国际上采用较为普遍的施工承包方式。

(2) 包工部分包料。即承包者只负责提供施工的全部人工和一部分材料，其余部分则由建设单位或总包单位负责供应。我国改革开放前曾实行多年的施工单位承包全部用工和地方材料，建设单位负责供应统配和部管材料以及某些特殊材料，就属于这种承包方式。改革后已逐步过渡到包工包料方式为主。

(3) 包工不包料。即承包人仅提供劳务而不承担供应任何材料的义务。在国内外的建筑工程中都存在这种承包方式。

3. 专项承包　专项承包的内容是某一建设阶段中的某一专门项目，由于专业性较强，多由有关的专业承包单位承包，故称专业承包。例如可行性研究中的辅助研究项目，勘察设计阶段的工程地质勘察、供水水源勘察、基础或结构工程设计、工艺设计、供电系统、空调系统及防灾系统的设计，建设准备过程中的设备选购和生产技术人员培训，以及施工阶段的基础施工、金属结构制作和安装、通风设备和电梯安装等。

4. “建造——经营——转让”承包　国际上通称 BOT 方式，即建造——经营——转让英文（Build-Operate-Transfer）的缩写。这是 20 世纪 80 年代新兴的一种带资承包方式。其程序一般是由某一个大承包商或开发商牵头，联合金融界组成财团，就某一工程项目向政府提出建议和申请，取得建设和经营该项目的许可。这些项目一般是大型公共工程和基础设施，如隧道、港口、高速公路、电厂等。政府若同意建议和申请，则将建设和经营该项目的特许权授予财团，财团即负责资金筹集、工程设计和施工的全部工作；竣工后，在特许期内经营该项目，通过向用户收取费用，回收投资，偿还贷款并获取利润；特许期满即将该项目无偿地移交给政府经营管理。对项目所在国来说，采取这种方式可解决政府建设资金短缺问题，且不形成债务，又可解决本地缺少建设、经营管理能力等困难；而且不用承担建设、经营中的风险。因此，在许多发展中国家得到欢迎和推广，并有向某些发达国家和地区扩展的趋势。对承包商来说，则跳出了设计、施工的小圈子，实现工程项目由前期至后期的全过程总承包，竣工后并参与经营管理，利润来源也就不限于施工阶段，而是向前后延伸到可行性研究、规划设计、器材供应及项目建成后的经营管理，从坐等招标的经营方式转向主动为政府、业主和财团提供超前服务，从而扩大了经营范围。当然，这也不免会增加风险，所以要求承包商有高超的融资能力和技术经济管理水平，包括风险防范能力。

第二节　国际建设工程项目造价的构成

国外建设工程项目的价格构成，是指某承包商在国外承包工程建设时，为完成工程建设，以及与工程建设相关的工作所支付的一切费用的总和。

我国对外建筑工程承包中的投标报价工程项目费用构成（简称标价）其名称和分类方法不尽相同，具体组成应随投标的工程项目内容和招标文件要求进行划分。通常是由分部分项工程单价汇总的单项工程造价、开办费、分包工程造价、暂定（项目）金额和不可预见费（包括风险系数）等项组成，如图 3-3 所示。

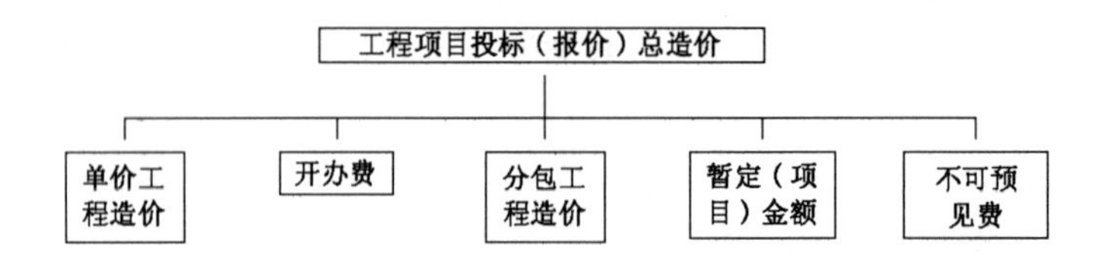

图 3-3　我国对外建筑工程承包费用的组成

1. 分项工程单价包括直接费、间接费（分摊费）和利润等。直接费为直接用于工程上的人工费、材料费、机械使用费以及周转材料费等。如图 3-4、图 3-5、图 3-6 所示。间接费指组织管理施工生产而产生的费用，如图 3-7 所示，不能直接计入分部分项工程中，只能间接分摊。利润指承包商的税前利润，亦应分摊到分项工程中去。如图 3-8 所示。

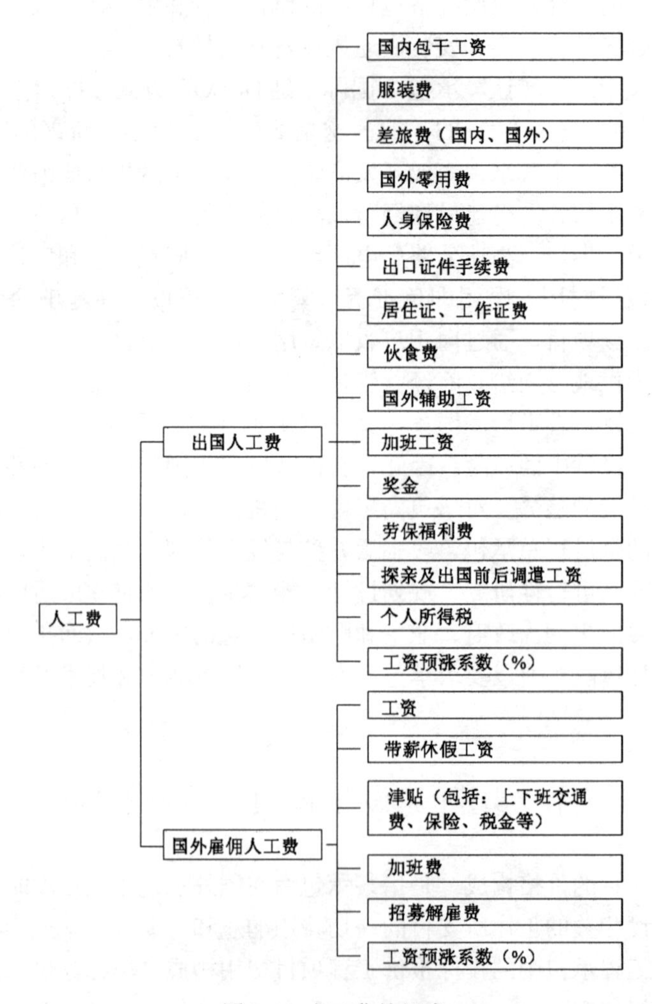

图 3-4　人工费的组成

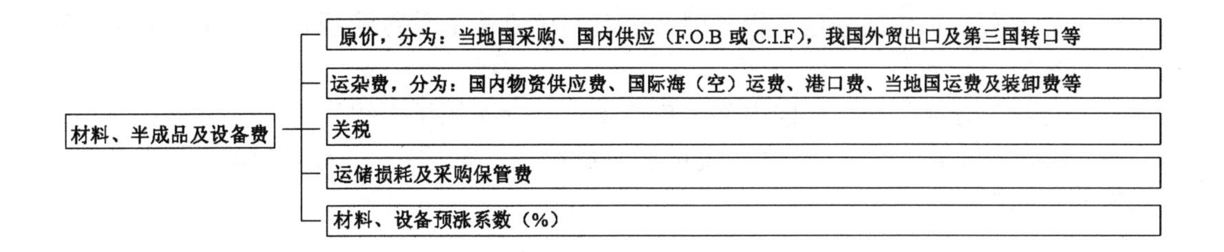

图 3-5　材料、半成品及设备费的组成

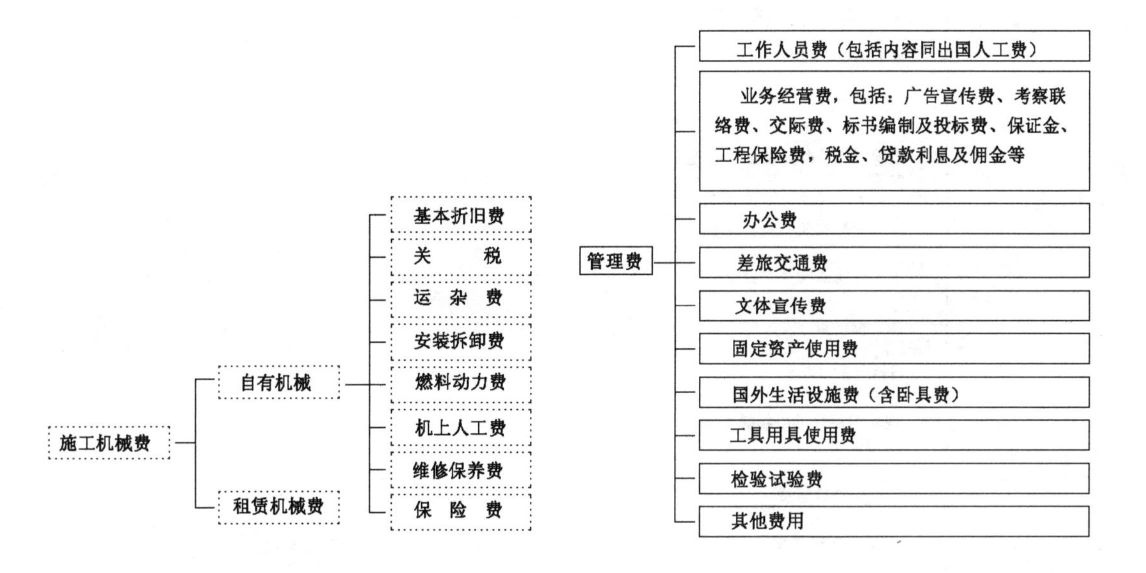

图 3-6　施工机械费的组成　　　　图 3-7　管理费的组成

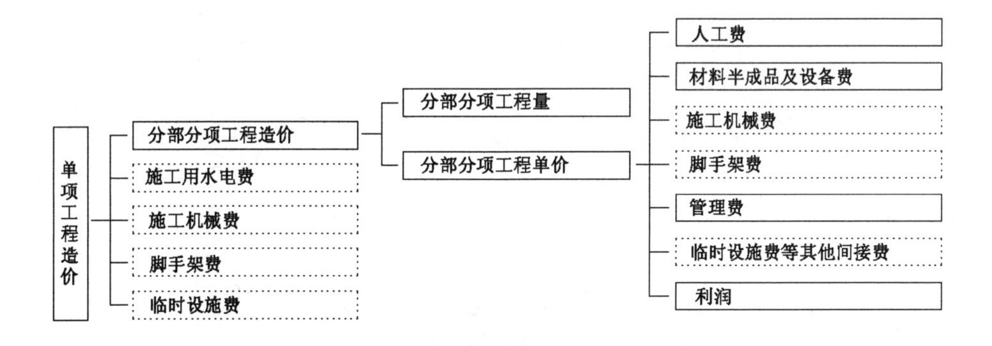

图 3-8　单项工程造价的组成

2. 开办费是在《建筑工程量计算原则（国际通用）》（SMM）明确规定的项目，应属国际惯例，一般包括施工用水、用电；施工机械费；脚手架费；临时设施费；业主工程师现场办公及生活设施费；现场材料试验室及设备费；工人现场福利及安全费；职工交通费；日常气象报表费；现场道路及进出口通道修筑及维持费；工程保护措施费；现场保安设施费；环境保护措施费等等。如图 3-9 所示。该项费用或以独立费用组成，也可作工程项目费用中报价项目计算。

3. 分包工程造价包括分包工程合同价，对其应收取的总包管理费、其他服务费和利润等。如图 3-10 所示。

4. 暂定项目金额是指在合同内和承包清单内，标明用于工程施工、或供应货物与材料、或提供相关服务、或应付意外情况的暂定数量的一笔金额、亦称备用金。暂定金额应包括不可预见费用。

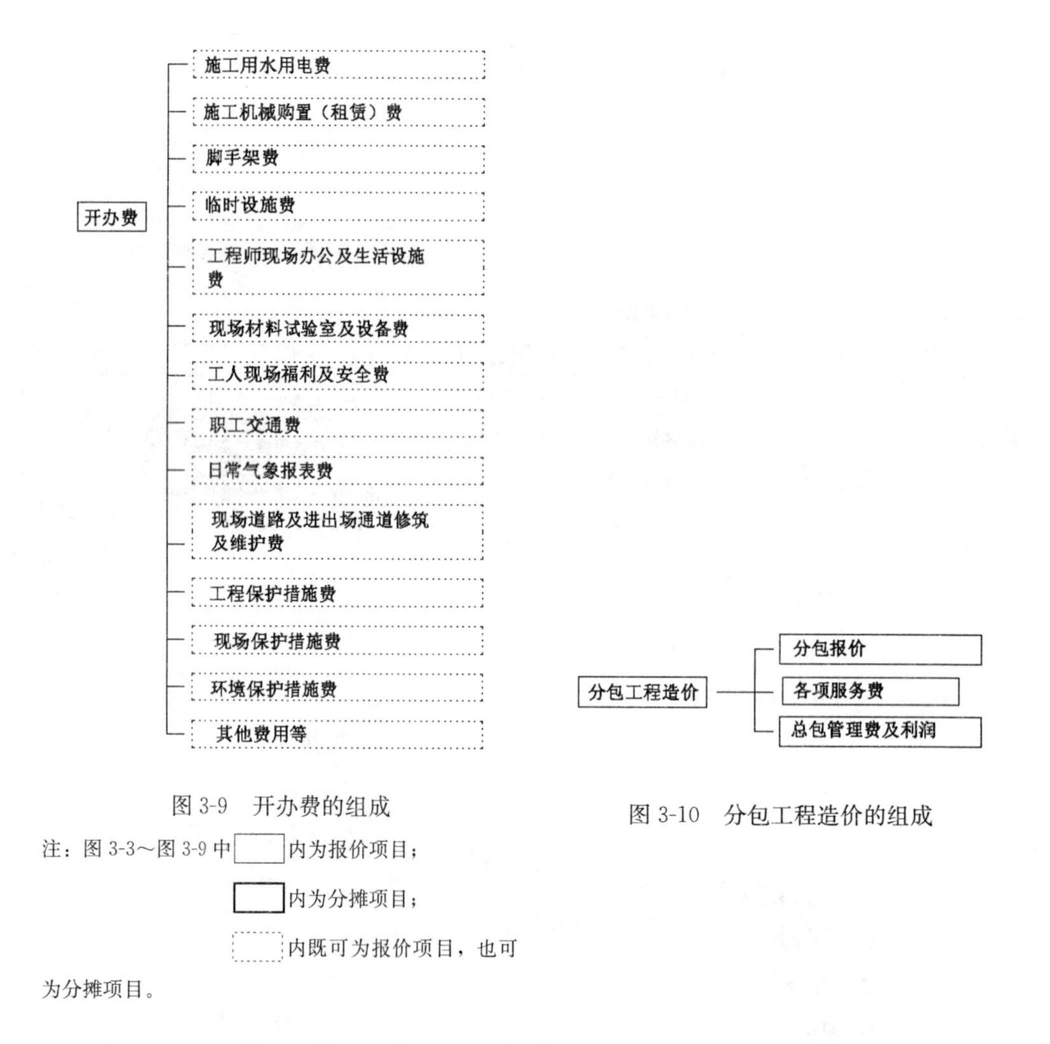

图 3-9 开办费的组成

图 3-10 分包工程造价的组成

注：图 3-3～图 3-9 中[实线框]内为报价项目；[粗实线框]内为分摊项目；[虚线框]内既可为报价项目，也可为分摊项目。

第三节 我国对外建设工程造价费用的构成及分摊比例

对外工程承包费用的组成项目以及分类方法和名称较多，基本上均可如图 3-3～3-10 所示。

以下介绍主要费用和分摊费用的计算方法和分摊比例。

（一）人工费计算

就目前而言，英、美、德、日等发达国家，人工工资均在 1000 美元/人·月以上，中国在对外工程承包中，劳动工资较低，一般都控制在400～500美元/人·月之间。

发达国家就建筑安装工程而言，人工费占工程直接费比例见表3-1。

人工费占工程直接费比例　　表3-1

序号	费用名称	占直接费（%）	一般取费（%）	备　注
1	建筑工程	40～60	55	
2	设备安装	20～30	25	包括工艺管道
3	电气工程	40～50	43	

人工费计算程序是：第一步，确定综合工日单价；第二步，工程总用工量计算；第三步，用综合工日单价乘以总用工量得到总人工费。其计算式如下：

$$M=Q\cdot A \tag{3-1}$$

式中　Q——工程总用工量；

A——综合工日单价。

1. 平均工资单价的确定

考虑工效后的平均工资单价 L_p 为：

$$L_p=L_c\times\text{国内工人工日占总工日的百分数}+C_I\times\text{当地工人工日占总工日的百分数}\times 1/\text{工效比} \tag{3-2}$$

式中　L_c——国内派出工人工资单价；

C_I——当地雇佣工人工资单价。

2. 综合工日单价的确定

$$A=\text{每名工人出国期间的全部费用}/\text{每名工人参加施工年限}\times\text{年工作日} \tag{3-3}$$

这里要注意的是：(1) 在计算报价时，一般都直接按工程所在地各类工人的日工资标准的平均值计算：国外雇佣工人工资是根据所在国有关法规计取；(2) 人工工日量大都是采用指标法或定额分析法计算的。

人工费占工程总价的20%～30%左右。

（二）材料费计算

对外工程承包材料费计算按供应渠道分国内采购、当地采购和向第三国转国采购。

1. 国内采购材料时材料费的确定

$$\text{国内采购材料}=\text{原价}+\text{全程运杂费}$$

$$\text{全程运杂费}=\text{国内段运杂费}+\text{海运段运保费}+\text{当地段运杂费} \tag{3-4}$$

(1) 国内段运杂费

$$\text{国内段运杂费}=\text{全程运输费}+\text{港口仓储费} \tag{3-5}$$

全程运输费可按材料原价10%～12%计取；港口仓储费可按材料原价3%～5%。

(2) 海运段运保费

$$\text{海运段运保费}=\text{基本运价}+\text{附加费}+\text{保险费} \tag{3-6}$$

其比率详见中国远洋运输集团现行价格。

(3) 当地段运杂费

$$\text{当地运输费}=\text{上岸费}+\text{运距}\times\text{运价}+\text{装卸费} \tag{3-7}$$

其比率应按当地政府及运输部门规定计算。

2. 当地采购材料时材料费的确定

当地采购材料（即材料预算价）＝批发价＋运杂费 (3-8)

3. 向第三国转购采购时材料费的确定

向第三国采购材料可按到岸价（CIF）加至现场的运杂费计算。

4. 工程材料费的确定

工程材料费＝国内采购材料费＋当地采购材料费＋第三国采购材料费 (3-9)

材料费加设备费要占工程项目总价的60％～70％左右。

（三）设备费计算

对外工程承包设备分国内采购、当地采购和向第三国转口采购。设置费可按下式确定：

设备费＝国内采购设备价＋当地采购设备价＋向第三国转口采购设备价 (3-10)

1. 国内采购设备预算价的确定

国内采购设备预算价＝原价＋全程运杂费 (3-11)

（1）设备原价的确定

原价尚需考虑出口设备或材料的管理费和手续费等，因此，设备原价应按下式调整：

$$M=M_i\cdot K_1/P\cdot K_2 \quad (3\text{-}12)$$

式中 M——国内设备出口原价；

M_i——国内设备出厂价；

K_1——出口设备质量加成系数，一般情况下 K_1＝1.3～1.35；

P——中国外汇管理部门公布的汇率；

K_2——国内设备价与国外设备价平衡系数，一般为2～2.5。

（2）设备全程运杂费的确定

设备全程运杂费＝国内段全程运杂费＋海洋段运保费＋当地运杂费 (3-13)

国内段全程运杂费＝全程运输费＋港口仓储费 (3-14)

海洋段运保费＝基本运价＋附加费＋保险费 (3-15)

全程运输费一般按设备原价的5％～8％计；

港口仓储费一般为3％～5％；

保险费可按到岸价0.3％～0.5％；

当地运杂费＝上岸费＋运距×运价＋装卸费 (3-16)

2. 当地采购设备价的确定

当地采购设备价＝厂家价＋运杂费（按出厂价5％～8％计） (3-17)

3. 向第三国转口采购设备价的确定

第三国采购设备价＝CIF（即到岸价）＋运杂费（按CIF3％～5％） (3-18)

（四）施工机械使用费计算

该费用通常有两种计算方法：一种是按施工机械台班成本组成计算施工机械使用费；另一种是机械台班定额计价法。

1. 按机械台班成本组成计算

按机械台班成本组成计算时，一般将成本组成分解为基本折旧费、运杂费、安装拆卸费、修理维护费、动力消耗费。

施工机械使用费＝基本折旧费＋运杂费＋安拆费＋修理维护费＋动力消耗费(3-19)

（1）基本折旧费的确定

$$新设备基本折旧费＝（机械总值－余值）×折旧率 \tag{3-20}$$

$$国内运去的机械折旧费＝\frac{国内原价＋国内外运杂费＋国际运保费}{60 月}×实际使用月数 \tag{3-21}$$

余值约占设备价的5%左右；

折旧率国外按5年计算。

（2）运杂费的确定

国内运杂费按设备原价5%～8%；

国际运保费可采用下式计算：

$$运保费＝设备价×1.062×2.924‰ \tag{3-22}$$

其中1.062为运杂费系数，2.924‰为保险费定额。

（3）安装拆卸费用的确定

对外工程承包所用机械设备按安装拆卸的次数逐项进行计算，每次安装拆卸费一般为设备原价的2%～3%计。

$$运杂费＝国内运杂费＋海运费＋保险费＋国外运杂费 \tag{3-23}$$

1）国内运杂费按施工机械原价的5%～8%计算；如提不出原价时，可按工程费用的1%～2%计；

2）海运费和保险费均采取中国远洋运输集团规定的费率计；

3）国外运杂费可按工程所在国法规计算。

（4）修理维护费的确定

$$维护修理费＝修理费＋替换设备和工具附件费＋润滑和擦拭材料费＋辅助设施费 \tag{3-24}$$

一般情况下，可考虑国内定额一次大修费的1/3计或按国外具体情况计算。

（5）动力消耗费的确定

$$动力、燃料消耗费＝动力、燃料消耗量×动力、燃料预算价格 \tag{3-25}$$

消耗量可按国内定额或国际实际消耗数量。

国外租赁施工机械台班费按下式计算：

$$F=\sum G_a \cdot E_a \tag{3-26}$$

式中　F——租赁施工机械台班总费用；

G_a——各种机械的台班数量；

E_a——各种机械台班的租赁费用。

2. 按施工机械台班成本组成计算机械使用费的另一种表达式

$$施工机械使用费＝折旧费＋轮胎磨耗费＋维修费＋燃油费＋司机工资＋管理费＋投资费＋其他费 \tag{3-27}$$

式中　维修费＝（0.5～1.0）×折旧费；

管理费＝（折旧＋轮胎磨耗＋维修＋燃油＋司机工资）×10%～15%；

投资费＝（保险、税金、利息）占设备平均量投资额2%～3%；

$轮胎磨耗费＝\frac{施工机械原值×（0.10～0.15）}{轮胎使用寿命}$；

其他费可据实考虑计取。

3. 按机械台班定额计价法计算

机械台班定额计价法可用两种方法：

（1）按国内定额国外价格计算出机械台班使用费，然后再乘以 3～3.6 的系数，即是该工程的机械台班使用费；

（2）按国外租赁公司机械台班费用定额酌情采用。

目前对外工程承包作价时，根据工程项目周期及施工机械运作情况，有的折旧费按 1000d 计；大修费按折旧费的 25%计；维修费取折旧费的 70%；燃料动力费取实耗数；操机费按人工费单价计算。

其他小型机械按总价的 3%～5%计。

（五）包含在折算单价之内的部分

对外工程承包所发生的一切费用，除招标文件允许单列外，一般都包含在折算单价之内，这是国际惯例。为了对各项费用心中有数，有利于成本考核，分清各项应取费用，在编标时应将一切费用逐项列出，作为待摊项目汇总。

各项费用的计算内容应包括：投标费用；保险费；税金；保函手续费；业务费；工程辅助设施费；临时设施工程费；专用施工机械费；贷款利息；意外风险费；勘察设计费；物价上涨调整费；利润；上级单位管理费等。

1. 投标费的确定

投标费用应包括购买招标文件费、投标期内国内外差旅费、编制标书费、礼品费等均可据票证按发生实情列入。

2. 保险费的确定

保险费的计算是按工程承包中发生的财产保险、人寿保险、责任保险和保证保险四类划分计算的。

（1）财产保险

在财产保险中可保工程保险、施工机械保险、工程和设备缺陷索赔保险。

1）工程保险费的确定

$$工程保险费=工程总标价\times保险费率\times加成系数 \tag{3-28}$$

式中　建筑工程保险可按工程费总额 2‰～4‰计；

安装工程保险可按工程费总额 3‰～5‰计；

财产保险加保机械损坏险按财产值的 2‰～3‰计；

加成系数考虑灾害情况，取 1.1～1.2 之间。

2）施工机械保险费的确定

专用施工机械保险指精密机械、贵重机械、大型专用机械等，可考虑投保，按设备价格 10.5‰～25‰费率计，一般情况下不必投保。

3）工程和设备缺陷索赔保险

工程和设备缺陷索赔保险指为保护业主权益设置的，防止工程和设备因发生质量事故造成经济损失而要求承包商保险，在标书中一般明确规定期限和金额，年费率为 0.15%～2.5%。

（2）人寿保险

人寿保险中只保人身意外险，必要时可保疾病险；

人身意外保险＝施工年平均人数×施工年限×投保金额×年费率（1%左右）（3-29）

（3）责任保险

责任保险中可保第三者责任险。

第三者责任险包括第三者的财产损失和人身意外伤害事故以及环境引发的伤害等，一般情况下招标文件中有规定，如有的标书规定不得低于合同总价的1%等。大都是赔偿限额由双方商定费率，约在2.5‰～3.5‰间。

工程保险、人身意外保险和第三者责任险是必须要投保的。

（4）保证保险

保证保险将在保函手续中另述。

3. 税金的确定

各国的税法和税收政策不同，对外国承包企业税收的项目和税率也不相同，常见的税金项目有：合同税、利润所得税、营业税、产业税、社会福利税、社会安全税、养路及车辆牌照税、地方政府开征的特种税等。

对外工程承包中所发生的税金项目和参考税率如下：

（1）合同税：按合同金额征税，税率为1%～10%不等。

（2）所得税：一般为利润的30%～35%；个人所得税约为工资的5%。

（3）销售税（营业税）：对工程承包公司，一般为5%～20%左右。

（4）产业税：按公司拥有动产或不动产金额征税，一般为5%～10%。

（5）社会福利税：（退休工程师基金税）为个人所得税的10%以下。

（6）社会安全税：按个人月工资所得的5%～8.4%计税。

（7）养路及车辆牌照税：按各国规定缴纳，无统一标准。

（8）地方政府开征的特种税：如市政税为利润的1%～3%；战争义务税按利润的1%～4%；沙特伊斯兰税为营业利润的2.5%等等。

（9）印花税：按凭证费缴纳，约为0.1%～1.0%左右。

（10）其他税：尚有其他几种税，宜列入其他项目内容较好，如关税、转口税、过境税等可列入设备及器材价格内。

4. 保函手续费的确定

保函手续费是指承包商为业主按招标文件要求开具的银行保函，包括中国银行和业主指定的银行同时缴纳的手续费。当地银行手续费均大于中国银行的，年费率约为2%～5%左右。

各种保函手续费的通用计算公式为：

保函手续费＝计价金额×保证金费率(%)×手续费年费率(%)×投保期(年)（3-30）

各种保函的计价金额、常见的保证金费率、手续费年费率和投保期限见表3-2。

保函的计价金额，常见的保证金费率手续费年费率和投保期限　　表3-2

序	保函名称	计价金额	保证金费率	手续费年费率	投保期限
1	投标保函	投标标价	2%～5%以下	0.1%～0.5%	3～6个月
2	履约保函	合同金额	10%	同上	合同期
3	预付款保函	合同规定值	10%～15%	同上	同上
4	工程维修保函	竣工价格	5%以下	同上	12个月
5	临时进口物资税保函	进口物资价格	当地政府规定	同上	合同期

5. 经营业务费的确定

经营业务费包括监理工程师费、代理人佣金、法律顾问费、国外人员培训费。

（1）监理工程师费

监理工程师费是指承包商为监理工程师创造现场办公、生活条件而开支的费用，主要包括办公、居住用房及其室内全部设施和用具，交通车辆等的费用。

（2）代理人佣金

代理人佣金是指承包商通过当地代理人办理各项承包手续；协助搜集资料、通报消息、甚至摸清业主及其他承包商的标底，疏通环节等，在工程中标后应支付的代理人佣金。代理人佣金，一般是工程中标后，按工程造价的1％～3％提取，金额多少与其所起的作用成正比，与工程造价大小成反比，也有由承包者与代理人协商一笔整数包干，如未中标，承包者可不支付。

（3）法律顾问费

法律顾问费法律顾问聘金的标准，一般为固定月金，但遇有重大纠纷或复杂争议发生时，还必须再增加酬金。

（4）国外人员培训费

国外人员培训费即指承包者接受国外派来人员的实习费，包括生活费、培训费、招待费和管理费，培训期为3～6个月，培训费大体在500～1000美元/人·月。

6. 工程辅助设施费的确定

工程辅助设施费是指合同规定的工程项目在未验收签发最终证书前，承包商必须负担维修、整理和试运转等所发生的费用。

工程移交前维修费按合同价的1.1％～1.2％计列；

竣工整理费可按合同价的0.2％计价；

试运转费一般为合同价的0.4％～0.8％左右。

7. 贷款利息的确定

贷款利息包括国内人民币的贷款利息和外汇贷款的利息，国际上贷款利息往往交达10％～20％上下。

承包商支付贷款利息有两种情况。一是承包商本身资金不足，要用银行贷款组织施工，这些贷款利息应计入成本；另一种情况是业主在招标文件中提出由承包商先行垫付部分或全部工程款项，在工程完工后，业主逐步偿还，并付给承包商一定的利息。但其所付利息往往低于银行贷款利息，因此在投标报价时，成本项目中应列入这一利息差。

8. 临时设施工程费用的确定

临时设施工程费用包括生活用房、生产用房和室外工程等临时房屋的建设费（或租房费），水、电、暖、卫及通信设施费等。

（1）生活用房：包括宿舍、食堂、厨房、生活物资仓库、办公室、浴室、厕所以及其他生活用房等；

（2）生产用房：包括材料、工具库、工作棚、附属企业（如预制构件厂）等。

（3）室外工程：包括临时道路、停车场、围墙、给排水管道（沟）、输电线路等。

临时设施面积参考指标如图3-11所示。

如承包工程过大、过小或属于成片宅区，大型土石方工程、特殊构筑物等，使用图

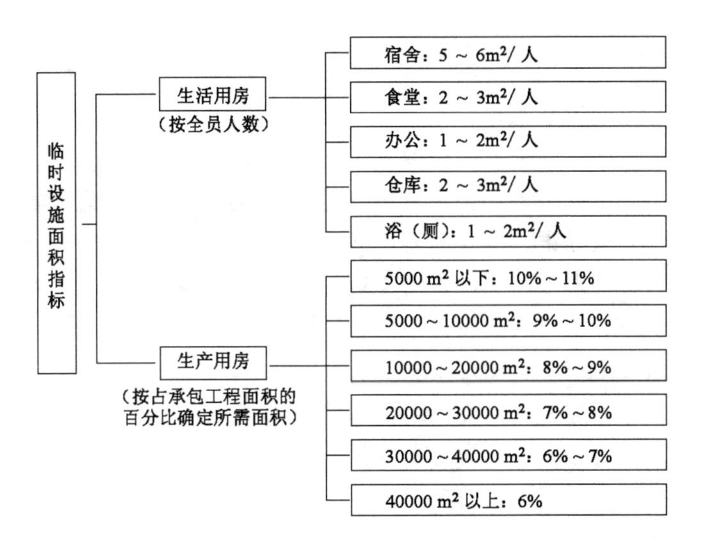

图 3-11　临时设施面积参考指标

3-11 所示指标不合适时，可按实际需要计算。该项应争取业主同意将该项费用列入开办费，独立报价。

9. 勘察设计费的确定

在交钥匙工程中或 EPC、BOT 等总承包一类工程项目中经常出现规划、设计项目，有时可单独列项报价。根据现行资料，对外承包工程中，国际上最高收费额要占工程总造价的 8%～10%以上；中国公司的勘察设计费其费率为 4%～6%，包括工资、社会福利、国外国内发生的费用、管理费和利润等。

10. 意外风险费的确定

意外风险费是指在对外工程承包实施合同中，因业主、工程师、环境以及承包商自身等缘由而引发的意外或风险所发生的费用。根据工程类型、合同类型、技术难易、设计深度、报价深度、材料设备供应等综合因素，一般取 5%～9%为宜。

11. 物价调整费的确定

物价调整费是指在合同实施期内，物价上涨所需调价费，根据国际市场价格动态分析与主要工程承包国历年价格指数，一般正常情况下，人工费年增长率为 5%～10%；材料和设备上涨率为 7%～10%左右，也可以采用公式法来计算或估算该项费用。

其调价公式为：

$$M=\sum_{i=1}^{n}d\ (1+R)^{i}-d \tag{3-31}$$

式中　M——为物价上涨费用；

d——为标价中各类费用价格（值）；

i——为标价中各类费用使用期的 1/2；

R——为标价中各类费用年平均上涨率。

式中未考虑施工管理费的因素。

世界银行等国际组织贷款采购项目的调价公式为：

$$p=x+a\frac{EL}{EL_0}+b\frac{LL}{LL_0}+c\frac{PL}{PL_0}+d\frac{FU}{FU_0}+e\frac{BI}{BI_0}+f\frac{CE}{CE_0}+g\frac{RS}{RS_0}+h\frac{SS}{SS_0}+$$

$$i\frac{TI}{TI_0}+j\frac{MT}{MT_0}+k\frac{MI}{MI_0} \quad (3\text{-}32)$$

式中　　　　p——调价系数；

x——固定系数，一般取 0.15～0.35；

a、b、c、…、k——可变系数，根据土方工程、结构工程、装修工程类别不同而变化，世界银行推荐的有可变系数表，$x+a+b+c+\cdots+k=1$；

EL——外来工人的调价时工资；

EL_0——外来工人的投标报价时工资；

LL、PL、FU、BI、CE、RS、SS、TI、MT、MI——当地工人、施工设备、燃料、沥青、水泥、预应力钢筋、建筑钢筋、木材、海运及其他调整项目的调价时价格；

LL_0，…，MI_0——各项投标报价时价格；

调整后的合同价为：

$$P=P_0\cdot p \quad (3\text{-}33)$$

式中　P_0——签约时的原始价；

P——调整后的合同价；

p——调价系数。

12. 上级单位管理费的确定

上级单位管理费指上级管理部门或公司总部对现场施工项目经理部收取的管理费，一般为工程总直接费的 3%～5%。

综合管理费：包括管理人员工资、办公费、业务经营费、文体宣教费、固定资产使用费、国外生活设施使用费、劳动保护费、交通差旅费、工具用具使用费、检验试验费、生产工人辅助工资、工资附加费、其他费用等，其费率如下：

（如以综合管理费率总值为 100%），则

（1）管理人员工资　　21%～25%；

（2）办公费　　3%～5%；

（3）业务经营费　　35%～45%；

（4）文体宣教费　　1%～2%；

（5）固定资产使用费　　3%～4%；

（6）国外生活设施使用费　　2%～4%；

（7）劳动保护费　　2%～3%；

（8）工具用具使用费　　3%～5%；

（9）交通差旅费　　3%～5%；

（10）检验试验费　　1%～2%；

（11）生产工人辅助工资　　8%～10%；

（12）工资附加费　　6%～8%；

（13）其他费用　　3%～5%。

综合管理费的费率或按本公司近年内统计的测定值计算或采用直接费的 2%～4%计

算，或二者综合考虑。

13. 利润的确定

对外工程承包的利润正常情况下约为10%～20%之间，亦有管理费加利润合取直接费的30%左右的，近年来，因国际工程市场竞争异常激烈，利润率普遍下降，根据不同工程类型一般定为8%～15%比较适当。

14. 开办费的确定

开办费包括施工用水、用电费、脚手架费、临时设施费、施工机械费、环境保护措施费等，其各部分构成如下：

(1) 施工用水、用电费。如工程用水用电可利用原有系统，则可按实际用量和工期另酌加损耗5%～10%和必需的线路设施即可。否则，施工用水、用电费用应把采水、运水贮水等设施费和买水费统统包括。

(2) 脚手架费。包括砌墙、浇筑混凝土、装饰工程所需内外脚手等（实际用量＋损耗＋周转次数）。也可按工程造价的0.5%～1%比率计。

(3) 临时设施费。

(4) 工程师现场办公及生活设施费。按标书中规定的标准计费。

(5) 现场材料试验室及设备费。按要求的面积、设备清单和工作人员数量等逐项计算。

(6) 工人现场福利及安全费。包括安全设备、劳保用品、防暑、防寒、保健营养、医疗卫生等劳动保护费。

(7) 职工交通费。即上下班汽车接送费用。

(8) 日常气象报表费。包括仪器设备费、文具纸张费和专职人员工资等。

(9) 现场道路及进出场通道修筑及维护费。应包括修筑费、养路费、养护人员工资等。

(10) 工程保护措施费。应考虑冬季施工、高温施工、雨季施工等气候条件，估计一笔适当金额即可。

(11) 现场保护措施费即现场保卫设施和场地清理费。包括围墙、出入口、警卫室、夜间照明设施等工料费，酌情估算。

场地清理费指施工期间保持场地整洁、处理垃圾及竣工清理场地费用，或按单位面积估算或按直接费的比率估计。

(12) 施工机械费。该项可根据工期长短和投标策略等需要，或一次性摊销或按折旧费加经常费的计算方法。国外施工机械费通常情况下占工程总价的5%～10%。

(13) 环境保护措施费。包括防尘、防噪声、防污染等系列保护及赔偿费用。可按工程总价比率计。

在估算开办费时注意避免与分项工程单价、总包管理费所含内容重复。开办费占总价比率与工程规模有关，约占工程总价的10%～20%，高者可达25%。

第四节　美国建筑工程造价估算简介

美国没有由政府部门统一发布的工程量计算规则和工程定额，但有许多来自各专业协会（如Morgantown，WV的AACE-I国际组织、MD的美国职业工程师协会或Arlington，VA

的成本估价与分析协会）和各大咨询顾问公司的大量的商业出版物，可供进行工程估价时选用，美国各地政府也在对上述资料综合分析的基础上定时发布工程成本材料指南。

根据项目进展的阶段不同，工程造价分5级：第Ⅴ级，数量级估算，精度为－30%～＋50%；第Ⅳ级，概念估算，精度为－15%～＋30%；第Ⅲ级，初步估算，精度为－10%～＋20%；第Ⅱ级，详细估算，精度为－5%～＋15%；第Ⅰ级，完全详细估算，精度为－5%～＋5%。

按照其数学性质，估价方法分为随机的（在推测成本关系和统计分析的基础上）和确定的（在最后的、决定性的成本关系的基础上），或是这两种方法的一些结合。在工程估价条目中，随机的方法时常被叫做参数估价，确定的方法时常被叫做详细单位成本或行式项目估算。

一般来讲，业主与承包商的估价过程有很大不同，这是因为他们不同的观点、概念、交易管理风险、介入深度、估价所需的准确性以及估价方法的使用。

业主在研究和发展阶段进行一个新工艺的可行性研究时，需要考虑工艺技术及应用风险、投资策略、场地选择、对市场的影响、装船、操作、后勤以及合同管理策略，其中每一项都会影响到风险和成本。其采用的估价方法一般为参数法。

相对业主来讲，承包商的考虑范围要小一些。因为承包商一般均在项目的中期和后期开始介入，承包商根据业主给出的初始条件来设计以及/或建设一个设施，此时业主的意图已经清晰，已经对多个方案进行了研究，并对其进行了选择和放弃项目的范围和轮廓已相当清晰。承包商采用的估价方法一般为详细单位成本或行式项目估算。

美国在整个工程估价体系中，有一个非常重要的组成要素，即一套前后连贯统一的工程成本编码。所谓工程成本编码，就是将一般工程按其工艺特点细分为若干分部分项工程，并给每个分部（或分项）工程编个专用的号码，作为该分部（或分项）工程的代码，以便在工程管理和成本核算中，区分建筑工程的各个分部分项工程。

美国建筑标准协会（CSI）发布过两套编码系统，分别叫做标准格式和部位单价格式，这两套系统应用于几乎所有的建筑物工程和一般的承包工程。其中，标准格式用于项目运行期间的项目控制，部位单价格式用于前段的项目分析。其工作细目划分及代码[①]分别如下：

（一）标准格式的工作细目划分

1. 一级代码（表3-3）。

标准格式工作项目划分的一级代码 **表3-3**

CSI代码	说明	CSI代码	说明
01	总体要求	09	装饰工程
02	场地建设	10	特殊产品
03	混凝土工程	11	设备/设施
04	砌体工程	12	陈设品
05	金属工程	13	特殊建筑结构
06	木材及塑料工程	14	运输系统
07	隔热及防潮工程	15	机械工程
08	门窗工程	16	电气工程

2. 二级代码（表 3-4）。

标准格式工作项目划分的二级代码 **表 3-4**

01　总体要求	04200　砌体块	08　门、窗工程
01100　概要	04400　石料	08100　金属门和构架
01200　价格和支付程序	04500　耐火材料	08200　木门和塑料门
01300　管理要求	04600　仿石砌体	08300　特种门
01400　质量要求	04800　砌体组装	08400　入口和商店铺面
01500　临时设施和控制	04900　砌体修复和清理	08500　窗
01590　材料和设备		08600　天窗
01700　执行要求	05　金属工程	08700　小五金
01800　设备操作	05050　基础材料和方法	08800　窗玻璃
	05100　结构金属构架	08900　玻璃护墙
02　场地建设	05200　金属勾缝	
02050　基础场地材料和方法	05300　金属铺板	09　装饰工程
02100　现场清理	05400　冷成型金属构架	09100　金属支撑装配
02200　现场准备/平整	05500　金属制作	09200　石膏板
02300　土石方工程	05650　铁路轨道和附属物	09300　瓷砖
02400　开挖隧道、钻探和支护	05700　装饰用金属	09400　水磨石
02450　地基和承载构件	05800　膨胀控制	09500　顶棚
02500　公用设施		09600　室内地面
02600　下水道及密封	06　木板及塑料工程	09700　墙装饰
02700　路基、道碴、路面和附属物	06050　基础木板和塑料材料和方法	09800　隔声处理
02800　建设场地改善和环境优化	06100　粗木工作业	09900　油漆和涂料
02900　绿化	06200　细木工作业	
02950　建设场地修复和重建	06400　建筑施工木建部分	10　特殊产品
	06500　结构塑料	10100　可视显示板
03　混凝土工程	06600　塑料制作	10150　分隔间和小卧室
03050　基础混凝土材料和方法		10200　气窗和通风口
03100　混凝土模板及附件	07　隔热及防潮工程	10260　护墙栏和墙角护条
03200　钢筋混凝土	07100　防潮和防水	10270　架高活动地板
03300　现场浇筑混凝土	07200　过热保护	10300　壁炉和火炉
03400　预制混凝土	07300　屋面板、屋面瓦和屋面覆盖物	10340　成品外用专门构件
03500　水泥胶结屋面板和垫层	07400　屋面和护墙预制板	10350　旗杆
03600　水泥浆	07500　卷材屋面	10400　检验装置
03700　混凝土修复和清理	07600　防雨板和片状金属	10450　行人控制装置
	07700　特殊屋面和附属物	10500　衣帽柜/橱柜
04　砌体工程	07800　防水、防烟	10520　防火装置
04050　基础砌体材料和方法	07900　填缝料	10530　防护覆盖层

续表

10550　邮件投递装置	11500　工业加工设施	14　运输系统
10600　隔墙	11600　实验室设施	14100　轻型运货升降机
10670　储存壁架	11700　医用设施	14200　电梯
10750　电话装置		14300　自动扶梯和活动走道
10800　洗漱、盥洗通道	12　陈设品	14400　吊车
10880　阶梯	12300　人工装饰细木工作业	14500　材料装卸
10900　壁柜和壁橱	12400　陈设品和附属物	14600　起重机
	12500　家具	
11　设备/设施	12600　复层支架	15　机械工程
11010　维护设施	12800　室内施工设备和施工工人	15050　基础材料和方法
11020　安全或保险设施		15100　建筑服务设施管道
11030　计数器和用户管道设施	13　特殊建筑结构	15200　加工管道
11040　宗教设施	13010　气承结构	15400　卫生设备
11050　阅览室设施	13030　特殊用途房间	15500　制热设备
11060　剧院和舞台设施	13080　声音、振动和地震控制	15600　制冷设备
11100　商务设施	13090　辐射保护	15700　供暖、通风和空调设备
11110　商用洗衣房和干洗设备	13120　工程施工前预架结构	15800　配气
11130　视听设备	13150　游泳池	15950　检测/调整/平衡
11140　交通服务设备	13170　浴盆和浴池	
11150　停车控制设施	13175　滑冰场	16　电气工程
11160　装卸台设施	13200　贮存槽	16050　基础电气材料和方法
11170　固体废物处理设施	13280　危险材料补救设施	16100　配线方法
11190　禁闭设施	13600　光能和风能设施	16200　电力
11300　液体废物处理设施	13700　安全通道及监视	16400　低压配线
11400　食品提供设施	13800　建筑自动化和控制	16500　照明
11450　住宅设施	13850　监测和预警	16700　通信
11470　暗室设施	13900　阻火结构	16800　声音和图像
11480　运动设施和剧院设施		

（二）部位单价格式的工作细目划分

1. 一级代码

分单元 1　-　基础
分单元 2　-　地下结构
分单元 3　-　主体结构
分单元 4　-　外围墙
分单元 5　-　屋顶
分单元 6　-　内部结构
分单元 7　-　传送装置

分单元 8　-　管道工程

分单元 9　-　电力系统

分单元 10　-　一般条件

分单元 11　-　特殊结构

分单元 12　-　现场工作

2. 二级代码（表 3-5）。

部位单价格式工作项目划分的二级代码　　表 3-5

1. 基础

基脚和基础

1.1-120　扩展基础

1.1-140　带状地基

1.1-210　现浇基础墙混凝土

1.1-292　防水地基

挖方和回填

1.9-100　建筑挖方和回填

2. 地下结构

斜坡地板结构

2.1-200　简单结构与加固结构

3. 主体结构

柱、梁和桁条

3.1-114　C.I.P. 柱-方拉杆

3.1-120　预制混凝土柱

3.1-130　钢柱

3.1-140　木柱

3.1-190　防火钢柱

3.1-224　“T”形预制梁

3.1-226　“L”形预制梁

结构墙

3.4-300　金属护墙支撑

地面

3.5-110　C.I.P. 混凝土板-单向

3.5-120　C.I.P. 梁和混凝土板-单向

3.5-130　C.I.P. 梁和混凝土板-双向

3.5-140　带下垂板座的 C.I.P. 双向板

3.5-150　C.I.P. 无梁板

3.5-160　多跨度梁板

3.5-170　C.I.P. 双向密肋板

3.5 210　预制厚木板

3.5-230　预制双“T”形梁

3.5-242　预制梁和厚木板-无覆盖层

3.5-244　预制梁和厚木板-带 2 号覆盖层

3.5-254　预制双“T”和 2 号覆盖层

3.5-310　宽工字梁和桁梁

3.5-360　轻型钢地板系统

3.5-420　承重墙上的屋面板和桁条

3.5-440　梁和墙上的钢制桁条

3.5-460　柱上的钢制桁条、梁和混凝土板

3.5-520　复合梁和混凝土板

3.5-530　宽法兰、复合屋面板和混凝土板

3.5-540　复合梁、屋面板和混凝土板

3.5-580　金属屋面板/混凝土填充板

3.5-710　木制桁条

3.5-720　木制梁和桁条屋顶

3.7-410　柱和墙上的钢制桁条、梁和面板

3.7-420　柱上的钢制桁条、梁和面板

3.7-430　承重墙上的钢制桁条和面板

3.7-440　柱和梁上钢制桁条和桁梁

3.7-450　柱上的钢制桁条和桁梁

3.7-510　木材/扁形材或沥青

楼梯

3.9-100　楼梯

4. 外围墙

墙

4.1-100　现浇混凝土

4.1-140　预制平浇混凝土

带凹槽的窗框架或直棂的预制混凝土

预制混凝土特殊构件

带肋的预制混凝土

4.1-160　翻起施工混凝土墙板

4.1-211　混凝土砌块墙

4.1-212　带肋的裂面混凝土砌块墙

4.1-213　机切混凝土块墙

4.1-231　实心砖墙

4.1-242　石料砌面

4.1-252　砖砌镶面墙/木立筋支撑物

4.1-252　砖砌镶面墙/金属筋支撑物

4.1-272　砖面复合墙

4.1-273　砖面空心墙

4.1-282　玻璃砖

4.1-384　金属护墙板

4.1-412　木材和其他外墙板

外墙装修

4.5-110　毛粉饰墙

门

4.6-100　木材、钢材和铝材

窗和釉面墙

4.7-100　木材钢材和铝材

4.7-582　框架

4.7-584　幕墙镶板

5. 屋顶

屋面覆盖层

5.1-103　复合层面

5.1-220　一层隔板

续表

5.1-310 成型前金属	7.1-100 水硬性材料	8.2 310 湿管冲洗器
5.1-330 成型后金属	7.1-200 齿轮传送升降机	8.2-320 干管冲洗器
5.1-410 木瓦和瓷砖	7.1-300 无齿轮传送升降机	8.2-390 竖管设备
5.1-520 屋面边楞		采暖
5.1-620 防雨板	8. 管道工程	8.3-110 小型供热电锅炉
隔热	8.1-040 管道-安装-单位成本	8.3-120 大型供热电锅炉
5.7-101 屋面板刚性隔热	8.1-120 燃气热水器-民用	8.3-130 锅炉、热水、蒸汽
孔洞和特制装置	8.1-130 燃油水加热器-民用	8.3-141 液体循环加热、矿物油单位
5.8-100 升降口/出入口天窗	8.1-160 电热水器-商用	管式散热器
5.8-400 雨水槽	8.1-170 煤气热水器-商用	8.3-142 液体循环加热、矿物油带翼管式散热器
5.8-500 落水管	8.1-180 燃油热水器-商用	8.3-151 公寓楼加热、矿物油带翼管式散热器
砾石挡条	8.1-310 屋顶排水系统	8.3-161 商业楼加热，矿物油带翼管式散热器
	参考：管道固定装置要求	8.3-162 商业楼加热、终端单位管式散热器
6. 内部结构	8.1-410 浴缸系统	制冷
隔墙	8.1-420 喷泉式饮水器	8.4-110 冷却水空气冷凝器
6.1-210 混凝土砌块隔墙	8.1-431 厨房用洗涤盆系统	8.4-120 冷却水-冷却塔
6.1-270 瓷砖隔墙	8.1-432 洗衣水槽系统	8.4-210 屋顶单区单元
6.1-510 干砌墙隔墙	8.1-433 盥洗室系统	8.4-220 屋顶复合单元
6.1-580 干砌墙组件	8.1-434 实验室用洗盆系统	8.4-230 独立式水冷
6.1-610 粉饰/石膏隔墙	用户洗盆系统	8.4-240 独立式气冷
6.1-680 粉饰隔墙/组件	8.1-440 淋浴间系统	8.4-250 分离系统/气冷式冷凝单元
6.1-820 折叠隔墙	8.1-450 小便池系统	特殊系统
6.1-870 卫生间隔板	8.1-460 冷水系统	8.5-110 车库排气装置
门	8.1-470 卫生间系统	
6.4-100 特种门	8.1-510 卫生间分类系统	9. 电力系统
墙体装饰	8.1-560 分类洗涤喷水系统	设施分布
6.5-100 油漆和覆盖物	8.2-620 两套装置浴室	9.1-210 电力设施
涂料镶边	8.2-621 三套装置浴室	9.1-310 电源线安装
地面装饰	8.2-622 四套装置浴室	9.1-410 开关设备
6.6-100 瓷砖和覆盖物	8.2-623 五套装置浴室	照明及电源
顶棚装饰	消防系统	9.2-213 荧光性电器设备（以瓦特计）
6.7-100 石膏顶棚	参考 自动喷水消防系统类型	9.2-223 白炽性电气设备（以瓦特计）
干砌墙顶棚	参考 自动喷水消防系统分类	9.2-235 高强度高架放电装置（以瓦特计）
6.7-810 吸声顶棚	8.2-110 湿管消防系统	9.2-239 高强度高架放电装置（以瓦特计）
6.7-820 石膏顶棚	8.2-120 干管消防系统	9.2-242 高强度低架放电装置（以瓦特计）
	8.2-130 自动喷水消防系统	9.2-244 高强度低架放电装置（以瓦特计）
7. 传送装置	8.2-140 集水喷洒消防系统	9.2-252 灯杆（已装配好）
升降机	8.2-150 循环灭火	9.2-522 电源插座（以瓦特计）

续表

9.2-524　电源插座	9.4-310　发电机	12. 现场工作
9.2-542　每平方英尺的墙开关		公共设施
9.2-582　各种电源	11. 特殊结构	12.3-110　开槽
9.2-610　中央空调电源（以瓦特计）	特殊产品	12.3-310　管道垫层
9.2-710　电动机安装	11.1-100　特殊建筑产品	12.3-710　检查井和截留井
9.2-720　电动机支线输电	11.1-200　建筑设备	公路和停车场
专用电力系统	11.1-500　室内陈设品	12.5-110　道路
9.4-100　通信和警报系统	11.1-700　特殊建筑	12.5-510　停车区

（三）估价所需数据资料类型及来源

1. 资料类型

不管任何一种估价方法，都需要使用一个或多个假定其价值已知的成本因子，各种估价方法使用的成本因子及所需的资料类型如表 3-6。

估价数据资料类型及来源　　　　**表 3-6**

序号	计算规则类型	数据来源			成本估价数据库所需的基本成本区域
		1	2	3	
1.1	详细单位成本	X			工时因子，材料单位成本，分包商，其他单位成本，工资标准
1.2	单位成本组合及模型	X	X		与上面相同，但要计入组合中
2.1	设备因子法——级联式		X	X	根据学科和设备类型、工资标准划分的界区材料及人工成本比例因子
2.2	设备因子法——每单位			X	根据设备类型划分的界区成本因子
2.3	设备因子法——工厂总成本			X	根据工厂类型划分的界区成本因子
3.1	能力因子法			X	根据工厂、设备、学科、或所期望的资源类型、历史成本数据库划分的指数
4.1	参数化单位成本模型		X	X	与单位成本模型相同，加对应的已建立的参数计算规则
5.1	复合参数化模型			X	对应的已建立的参数计算规则
6.1	比例因子法	X	X	X	与成本类型对应的比例因子（一些因子需要第三方给定）
6.2	总单位成本			X	与成本类型对应的总单位成本
	各种计算规则使用的调整因子	X		X	人工生产率、区域因子、汇率、价格指数、复合因子

2. 资料来源

美国的大型承包商都有自己的一套估价系统，同时把其单价视为商业秘密，其惯例是不向业主公开其价格信息。但对于估价人员来讲，仍然有许多的有估价数据来源可供使用，如国家电气承包商协会（NECA）出版的关于电气工作“人工单价手册”（以及其他商业出版物），来自劳务中介商的劳动协定，保存在签约人和业主公司的图书馆的估价标准；来自专业学会（如 Morgantown，WV 的 AACE 国际组织、Wheaton，MD 的美国职业工程师协会、或 Arlington）的大量的可用出版物等。例如表 3-7 是工程成本估价数据的几种商业出版物。

工程成本估价数据的商业出版物 **表 3-7**

1	关于施工设备的联合设备供应商的零租费率	联合设备供应商	奥卡布鲁克・IL
2	奥丝江（Austin）建筑成本明细	奥丝江（Austin）公司	克利夫兰，OH
3	Boeckh（几种出版物）	美国估价协会	密尔沃基，WI
4	富勒（fuller）建筑物成本索引	乔治．A. 富勒公司	纽约，NY
5	公用建筑成本的汉蒂-惠特曼（Handy-Whit-man）索引	惠特曼、理查德（Whitman，Requardt）及其同事	巴尔的摩，MD
6	明思（Means）建筑成本数据	R. A. 明思（Means）公司	休斯敦，MA
7	理查森（Richardson）加工厂估价标准	理查森（Richardson）工程服务有限公司	美萨，AZ
8	史密斯、哈吉姆、瑞里斯成本索引	史密斯、哈吉姆、瑞里斯有限公司	底特律，MI
9	特恩（Turner）建筑物成本索引	特恩（Turner）建筑公司	纽约，NY
10	美国联邦公路管理局（FHWA）公路建筑价格索引	美国联邦公路管理局	华盛顿，D. C.
11	美国商业部复合材料建筑成本索引	美国商业部	华盛顿，D. C.
12	步行者（Walker's）的建筑物估价人员参考手册	富兰克 R，沃克（Frank R. Walker）公司	莱尔，IL
13	建筑造价指数和房屋造价指数（ENR）	ENR 总部发布（Engineering News-Record）	

第五节　日本的建筑工程积算制度

（一）日本工程计价依据与计价模式简介

日本的工程积算，属于量价分离的计价模式。

日本作为一个发达的经济大国，市场化程度非常高，法制健全，建筑市场亦非常巨大，其单价是以市场为取向的，即基本上按照市场参考价格。隶属于日本官方机构的“经济调查会”和“建设物价调查会”，专门负责调查各种相关经济数据和指标，与建筑工程造价有关的有：“建设物价”杂志、“积算资料”（月刊）、“土木施工单价”（季刊）、“建筑施工单价”（季刊）、“物价版”（周刊）及“积算资料袖珍版”等定期刊行资料，另外还在因特网上提供一套“物价版”（周刊）登载的资料。该调查会还受托对政府使用的“积算基准”进行调查，即调查有关土木、建筑、电气、设备工程等的定额及各种经费的实际情况，报告市场各种建筑材料的工程价、材料价、印刷费、运输费和劳务费。

价格的资料来源是各地商社、建材店、货场或工地实地调查所得。每种材料都标明由工厂运至工地或由库房及商店运至工地的差别，并标明各月的升降状态。通过这种价格完成的工程预算比较符合实际，体现了“市场定价”的原则，而且不同地区不同价，有利于在同等条件下投标报价。

日本的工程造价管理实行的是类似我国的定额取费方式，各省制定一整套工程计价标准，即“建筑工程积算基准”，其工程计价的前提是确定数量（工程量），而这种工程量计算规则是由建筑积算研究会编制的《建筑数量积算基准》，该基准为政府公共工程和民间（私人）工程同时广泛采用。工程量计算业务以设计图及设计书为基础，对工程数量进行调查、记录、合计，计量、计算构成建筑物的各部分的工程量；其具体方法是将工程量按种目、科目、细目进行分类，即整个工程分为不同的种目（即建筑设备工程、电气设备工程和机械设备工程）。每一种目又分为不同的科目，每一科目再细分到各个细目，每一细目相当于分项工程。《建设省建筑工程积算基准》中制定了一套“建筑工程标准定额（步挂）”，对于每一细目以列表的形式列明的人、材、机械的消耗量及一套其他经费（如分包经费），通过对其结果分类、汇总，制作详细清单，这样就可以根据材料、劳务、机械器具的市场价格计算出细目的费用，继而可算出整个工程的纯工程费。

整个项目的费用是由纯工程费、临时设施费、现场经费、一般管理费及消费税等部分构成。对于临时设施费、现场经费和管理费按实际成本计算，或根据过去的经验按照与纯工程费的比率予以计算。

（二）日本的建筑数量积算基准

日本建筑数量积算基准是在建筑工业经营研究会对英国的“建筑工程标准计量方法”（Standard Method of Measurement of Building Works）进行翻译研究的基础上，由建筑积算研究会于昭和45年（1970年）接受建设大臣办公厅政府建筑设施部部长关于工程量计算统一化的要求，花费了近10年时间，汇总而成的。

自从建筑数量积算基准制定以来，建筑积算研究会继续不停地进行调查研究，对应日新月异的建筑及环境的不断变化，以及建筑材料、构造、施工工艺等的显著变化，该基准内容也在不断修订，对其内容不断充实。自从该基准制定以来，已经进行了六次修订，目前的最新版本于平成4年修订完成，称为《建筑数量积算基准解·解说》（第6版）。

1. 建筑数量积算基准的特点

（1）创出了一种计量、计算方法，即关于不同的积算人员对众多细目的数量的计量、计算，无论谁进行积算，其数量差不会超出容许范围。

（2）有助于防止计量、计算漏项、重复的积算方法。

（3）有助于提高积算效率的计算方法。

（4）建筑数量积算基准系统地整理出各个规定，易于简洁理解。

2. 建筑数量积算基准的内容

内容包括总则、土方工程与基础工程、主体工程（壁式结构）、装修工程。除总则以外，每部分又有各自的计量、计算规则。

（1）总则：规定计量、计算方法基准的总的原理，度量的基本单位和基本规则。

（2）土方工程与基础处理工程

土方工程：计量、计算内容包括平整场地、挖基槽、回填土、填土、剩土处理、采石碾压基础、挡土墙、排水等工程。

基础处理工程：内容包括预制桩工程、现场打桩和特殊基础工程。

（3）主体工程：包括混凝土工程（混凝土、模板）、钢筋工程和钢结构工程。每部分基本上再细分为基础（独立基础、条形基础、基础梁、底板）、柱、梁（大梁、小梁）、地板、墙、楼梯及其他工程。

(4) 主体工程（壁式结构）：包括混凝土工程（混凝土、模板）、钢筋工程。每部分基本上再细分为基础（独立基础、条形基础、基础梁、底板）、地板、墙、楼梯及其他工程。

(5) 装修工程：包括内、外装修工程。分别对混凝土材料、预制混凝土材料、防水材料、石材、瓷砖、砖材、木材、金属材料、抹灰材料、木制门窗、金属门窗、玻璃材料、涂料、装修配套工程、幕壁及其他的计量、计算进行明确的规定。

（三）建筑工程积算基准工程费的构成。

建筑工程积算基准工程费的构成如图 3-12。

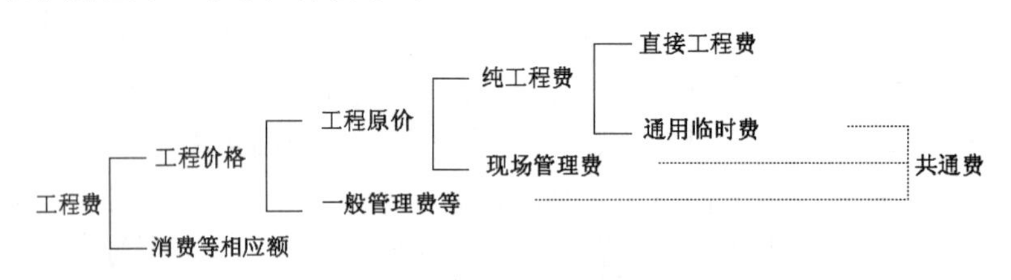

图 3-12 建筑工程积算基准工程费的构成

（四）建筑工程积算基准工程费积算流程图（图 3-13）。

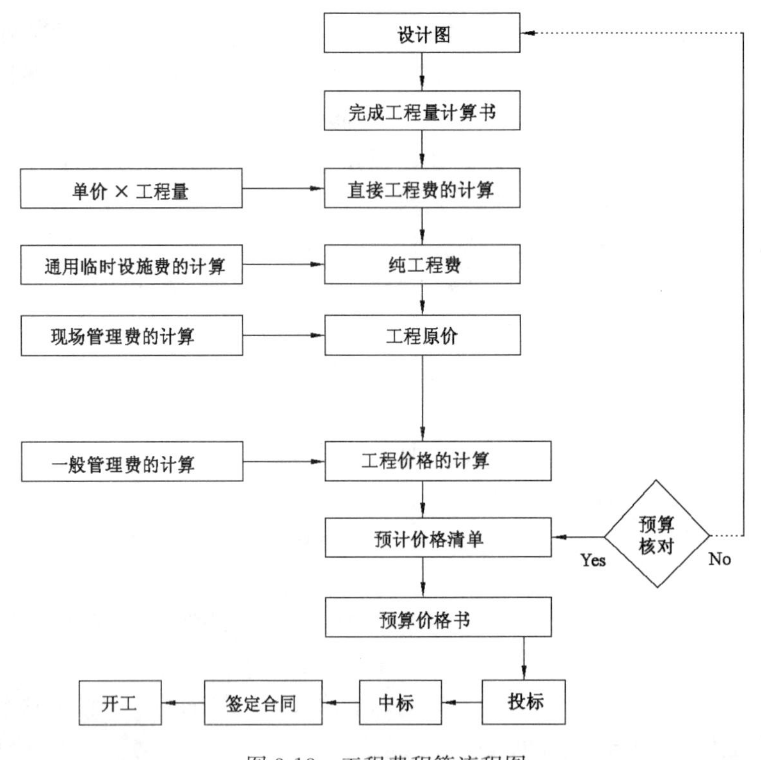

图 3-13 工程费积算流程图

（五）建筑工程积算基准工程费的区分。

工程费按直接工程费、共通费和消费税等相应数额分别计算。直接工程费根据设计图纸的表示分为建筑工程、电气设备和机械设备工程等，共通费分为共通临时设施费、现场管理费和一般管理费等。

1. 直接工程费

直接工程费是为了建造工程标的物所需的直接而必要的费用，包括直接临时设施的费用，按工程种目进行积算，即材料价格及机器类价格乘以各自数量，或者是将材料价格、劳务费、机械器具费及临建材料作为复合费用，依据《建筑工程标准定额》在复合单价或市场单价上乘以各施工单位的数量。若很难依据此种方法，可参考物价资料等的登载价格以及专业承包商的报价等来决定。工程中产生的残材还有利用价值时，应减去残材数量乘以残材价格的数额。计算直接工程费时使用的数量，若是建筑工程应依据《建筑数量积算基准》中规定的方法，若是电气设备工程及机械设备工程应使用《建筑设备数量积算基准》中规定的方法。

2. 共通费

共通费对以下各项进行积算，具体的计算方法，依据《建筑工程共通费积算基准》。

(1) 共通临时设施费，是各工程项目共通的临时设施所需的费用。

(2) 现场管理费，是工程施工时，为了工程所必需的经费，它是共通临时设施费以外的经费。

(3) 一般管理费等，是工程施工时，承包方为了继续运营而所必需的费用，它由一般管理费和附加利益构成。

3. 消费税等相应税费

消费税等相应税费，是消费税及地方消费税的相应金额。

4. 其他

(1) 本建设用的电力、自来水和下水道等的负担额有必要包含在工程价格中时，要和其他工程项目区分计入。

(2) 变更设计的工程费，只是计算变更部分工程的直接工程费，并加上与变更有关的共通费，最后加上消费税等相应税费。

第六节　中国香港的工程造价管理

(一) 香港工程造价概述

香港在回归前属于英联邦，它的工程造价管理制度及规定均取自英国。

香港建筑市场的承包工程分两大类：一是政府工程，二是私人工程（包括政府工程私人化）。政府工程由地政工务科下属的各专业署组织实施，实行统一管理、统一建设。政府工程分为五大类：建筑工程、海事工程、道路与渠务、土地开发、水务工程等。至于高级装修工程不列入建设工程内，而作为一项商业性的工作，另由业主自行招标或委托承包。私人工程，必须通过业主和顾问公司或测量师的介绍，才能拿到标书，一般采用邀请招标的议标方式。

香港的工程计价一般先确定工程量，而这种工程量的计算规则是香港测量师根据英国皇家测量师学会编制的《英国建筑工程量计算规则》(SMM)编译而成的《香港建筑工程工程量计算规则》(第三版)(SMMⅢ)(Hong Kong Standard Method of Measurement for Building Works)。一般而言，所有招标工程均已由工料测量师计算出了工程量，并在招标文件中附有工程量清单，承包商无需再计算或复核。针对已有的工程量清单，应由承包商自主报价，报价的基础是承包商积累的估价资料，而且整个估价过程是要考虑价格变化和市场行情的动态过程。

在香港不论是政府工程还是私人工程，一般都采用招标投标的承包方式，工程招标报价一般都采用自由价格。香港政府工程招标都在《宪报》上公开发布通告，各投标者可到指定地点领取标书，标书的内容包括有：投标须知（包括注意事项、投标方式、合同格式、说明、要求资料、业主不一定接纳最低标价等），投标表格，合同条款（采用“香港地区建筑工程标准合同”），技术规范和说明，基本项目清单，工程量计算（采用“香港建筑工程标准量度法”），图纸等。

估价（报价）时必须按标书列出的项目进行，每个工程项目的单价之确定，测量师行或承包商都有自己的经验标准，主要是考察以往同类型项目的单价，结合当前市场材料价格与劳工工资的变化调整而定。每个项目的单价均为全费用价格，即包括工资、物料价、机械费、利润、税金和风险等。投标总价是各分项价格的总和，加上本企业的管理费和利润，还应考虑价格上的因素。

（二）英国特许测量师的种类

世界上大约有80000名特许测量师。特许测量（chartered Surveying）是世界上被最广泛承认的专业之一。他站在决策的最前部，在建筑和自然环境方面产生重要影响。特许测量师共有七类。

1. 特许工料测量师（Chartered Quantity Surveyor）

对建筑物的业主和设计师就可能的建筑成本计划和可供选择的设计造价提供咨询。有时也被称为工程造价顾问（Construction Cost Consultant），他们准备项目成本计划，这能帮助设计组达到项目的可操作性设计并将造价控制在预算之内。他们有时被指派为项目经理（Project Managers）。

2. 特许估价师（Chartered Valuation Surveyor）

有时被称作为综合业务测量师（General Practice Surveyor），他们从事各种各样的活动，但主要从事地产房地产代理、估价、开发和物业管理。大多数估价师受雇于私人领域，但也有许多受聘于公共服务机构（Public Service）。

3. 特许规划与开发测量师（The Chartered Planning and Development Surveyor）

专门从事城乡规划的一切领域。主要受雇于从事主要城市和工业开发项目的公司和组织。

4. 特许建筑测量师（The Chartered Building Surveyor）

提供有关建筑施工所有方面专门服务，包括修复老建筑和建设新建筑。提供的其他服务还包括结构测量、损毁修理费清单建筑上的服务，倒塌计划和保险索赔。

5. 特许地形测量师（The chartered Geomatics Surveyor）

为了各种目的而测量和绘制地球表面的特征。如石油开发，建筑工程，口岸开发等，有时活动延伸到绘制大的和世界边远地区或海岸河床的地形图。

6. 特许矿物测量师（The chartered Mineral Surveyor）

作为经济和矿物测量业务的专家，包括为矿物开发而进行的估价和开发准备工作。

7. 特许乡村业务测量师（The chartered Rural Practice Surveyor）

有关经营农业土地管理，包括森林在内。工作包括农村财产的估价、出售和管理。

（三）工料测量师的工作领域

工料测量师是独立从事建筑造价管理的专业，也称为预算师。其工作领域包括房屋建筑工程、土木及结构工程、电力及机械工程、石油化工工程、矿业建设工程、一般工业生产、环保经济、城市发展规划、风景规划、室内设计等等。工料测量师服务的对象，有房地产发展商、政府行政及公有房屋管理等部门、厂矿企业、银行与保险公司，而大量服务的是建筑企业和施工单位。具体见表 3-8。

工料测量师参与的工程全过程估价活动 **表 3-8**

阶段		目的与工作内容	工料测量师参与进行工程估价活动
设计任务书	1. 筹建和可行性研究阶段	向业主提供工程项目评价书及可行性报告	编制可行性报告的一般性工作。定出附有质量要求的造价范围或就业主的造价限额提出建议
草图	2. 轮廓性方案	确定平面布置、设计和施工的总的做法，并取得业主对其批准	按业主要求，对方案设计做出估算，方法是通过分析过去建筑物的各项费用并比较其要求；或按规范求得的近似工程量
	3. 草图设计	完成设计任务书并确定各项具体方案，包括规划布置、外观、施工方法、规划说明纲要和造价，并取得全部上述事项的批准	根据由建筑师和工程师处得到的草图、质量标准说明和功能要求编制造价规划草案，以后再编制最终造价规划，提交业主批准
施工图	4. 详图设计	对设计、规范说明，施工和造价有关的全部事项做出最后决定，编制施工图纸文件	进行造价研究和造价校核，并从专业分包人处取得报价单。将结果通知建筑师和工程师，并提出有关造价的建议
	5. 工程量清单	编制和完成招标用的全部资料和安排	编制工程量清单，并进行造价校核
	6. 招标活动	通过招标选择承包商	对照标价的工程量清单校核造价规划
现场施工	7. 编制工程项目计划	编制计划	对中标标书编制造价分析
	8. 现场施工	保证有效地贯彻合同，并使合同细节在建筑施工中实现	对合同中的所有财务事项进行严格审核。向设计组提出月报，工程造价的变更和报告
	9. 竣工及反馈	完成合同，结算最终账目，从工程得到信息反馈以利于以后的设计	编制最后结算账目，最终造价分析，并处理有关合同索赔的结账事项

（四）香港建筑工程工程量计算规则

香港建筑工程工程量的标准计算规则（SMM）是香港地区建筑工程的工程量计算法规。无论是政府工程还是私人工程，都必须遵照该标准计算规则进行工程量计算，如同内地预算定额中规定的工程量计算规则一样，是权威性文件。经过三次修订，现在执行的是 1979 年修订的第三版，即 SMMⅢ。SMMⅢ的基本内容如下：

总则、一般条款与初步项目、土石方工程、打桩与沉箱、挖掘、混凝土工程、瓦土、排水工程、沥青工、砌石工、屋面工、粗木工、细木工、建筑五金、钢铁工、抹灰工、管道工、玻璃工、油漆工等。

工程量表是按工种分类（类似内地的分部工程，但比内地预算定额的项目划分还要细）列出所有项目的名称、工作内容、数量和计算单位。工程项目的分类一般为：土方、混凝土、砌砖、沥青、排水、屋面、抹灰、电、管道及其他工程（如空调、电梯、消防等）。SMM 对每一项目如何计算工程量都有明确的规定。

（五）香港的工程造价管理

1. 香港工程造价费用组成

按 SMMⅢ规定，本地区工程项目划分为 17 项，加上开办费共 18 项工程费用。其内容为：

（1）开办费（即临时设施和临时管理费）包括：

1）保险金：为防止承包商施工中途违约，签约时业主要求承包商必须出具一定的保险金或出具银行的保证书，工程完成后退回承包商（金额由标书规定），一般为 5%～20%。银行或保险公司出具保证金时，收取一定费用，一般为保证金费用 10%×年数。

2）保险费：建筑工程一切险，安装工程一切险，第三者保险，劳工保险。

3）承包商临时设施费（搭建临时办公室、仓库、现场人员工资、办公用费）。

4）施工用电费。

5）施工用水费。

6）脚手架。

7）现场变更费。

8）现场测量费。

9）承包商职工交通费。

10）材料检验试验费、图纸文件纸张费。

11）施工照相费。

12）施工机械设备费。

13）顾问公司驻现场工程师办公室场地费。

14）顾问公司驻现场工程师试验室场地费。

15）现场招牌费。

16）工作训练和防尘费。

17）现场围护费。

以上项目不一定都发生，发生时才计取，不发生不计取。

（2）泥工工程（即土石方工程）　（3）混凝土工程　（4）砌砖工程
（5）地渠工程（即排水工程）　（6）沥青工程　（7）砌石工程
（8）顶棚工程　（9）粗木工程　（10）细木工程
（11）小五金工程　（12）铁及金属工程
（13）批挡工程（即抹灰工程）　（14）水喉工程（即管道工程）
（15）玻璃工程　（16）油漆工程
（17）电力工程　（18）其他工程（如空调、电梯、消防）

2. 香港工程造价计价管理

计价分业主估价和承包商报价。

业主估价通常由业主委托社会咨询服务机构工料测量师行进行，作为业主对工程投资测算和期望值。根据工程进展情况分为A、B、C三个阶段。

A阶段（即可行性研究阶段）：这个阶段没有图纸，只有总平面图和红线以及周围环境，再根据业主的意图，参照以往的工程实例，初步做出估价。

B阶段（方案阶段）：这个阶段已完成了建筑物的草图，工料测量师根据草图进行工料测量，作为控制造价的依据。

C阶段（施工图阶段）：价格估算，这个阶段，是工料测量师根据不同的设计及《香港建筑工程工程量计算规则》的规定，计算工程量，参照近期同类工程的分项工程价格，或在市场上索取材料价格经分析计算出详尽的预算，作为甲方的预算或标底基础。在香港不论什么工程，标底或预算不需要审查或审核的，只要测量师完成后，经资深工料测量师认可，测量师行领导人签字，即可作为投资的标底或控制造价的依据。

香港的工程价格管理，主要发挥专业人士（工料测量师）在计价中的作用，一般不注重单位（测量师行）的作用。在工程价格纠纷处理中，不论私人工程还是政府工程，由香港特区注册的特许仲裁人学会会员出面调解，以解决双方在经济上的权益问题。如建筑署的某项工程与承包商之间在价格上发生分歧，一方收集资料，反映到仲裁人处，仲裁人在接收到资料后，除留个人阅读外，复印一份给另一方，让另一方进行答复。如另一方认为对方所提问题证据不足，方由仲裁人依照香港的法律进行调解、仲裁。如果双方或一方对仲裁结果不满意可上诉法院，由法院依法判决。由于对法院上诉一般需要较长的时间，所以大部分经仲裁的工程价格纠纷均可以解决。

根据香港有关工料测量师介绍，香港目前的工程总价格组成的比例分布如下：人工费占25%左右；管理费、现场费（开办费）为18%；利润为5%～10%；其他材料设备为55%左右。

香港工程建设中，承包商不交营业税，只交所得税，只有承包商在年度获得利润后，才对政府交税。

在前些年，香港的建筑工程利润是十分丰厚的，利润率由承包商自己确定，对竞争对手少的工程，如海事工程利润可高些，一般在15%～25%；房建工程由于竞争对手多，利润可少些，一般在8%～15%。由于香港是世界上经济较活跃地区和对外开放地区，世界著名的大承包商均在香港有分支机构，所以承包商竞争激烈，使丰厚利润下降至目前的5%左右。

第七节　英国的工料测量师制度

（一）英国工程计价依据和模式

英国传统的工程计价模式，一般情况下都在投标时附带由业主工料测量师编制的工程量清单，其工程量按照SMM规定进行编制、汇总构成工程量清单，承包商的工料测量师参照工程量清单进行成本要素分析，根据其以前的经验，并收集市场信息资料、分发咨询单、回收相应厂商及分包商报价，对每一分项工程都填入单价，以及单价与工程量相乘后的合价，其中包括人工、材料、机械设备、分包工程、临时工程、管理费和利润。所有分项工程合价之和，加上开办费、基本费用项目（这里指投标费、保证金、保险、税金等）和指定分包工程费，构成工程总造价，一般也就是承包商的投标报价。在施工期间，结算工程是按实际完成的工程量计量，并按承包商报价计费。增加的工程或者重新报价，或者按类似的现行单价重新估价。

（二）英国工程量的计算规则

1. 工程量应以安装就位后的净值为准，且每一笔数字至少应量至最接近于10mm的零数，此原则不应用于项目说明中的尺寸。

2. 除有其他规定外，以面积计算的项目，小于1m^2的空洞不予扣除。

3. 最小扣除的空洞系指该计量面积内的边缘之内的空洞为限；对位于被计量面积边缘上的这些空洞，不论其尺寸大小，均须扣除。

4. 对小型建筑物或构筑物可另行单独规定计量规则。

（三）英国工程量的组成部分

1. 开办费及总则（Preliminaries/General conditions）

主要包括一些开办费中的费用项目和一些基本规则。费用项目中划分成业主的要求和承包商的要求。

业主的要求包括：投标/分包/供应的费用，文件管理、项目管理费用，质量标准、控制的费用，现场保安费用，特殊限制、施工方法的限制、施工程序的限制、时间要求的限制费用，设备、临时设施、配件的费用，已完工程的操作、维护费用。

承包商的要求包括：现场管理及雇员的费用，现场住宿，现场设备、设施，机械设备，临时工程。

2. 完整的建筑工程（Complete buildings）。

3. 拆除、改建和翻建工程（Demolition/Alteration/Renovation）。

4. 地面工作（Groundwork）。

5. 现浇混凝土和大型预制混凝土构件（In situ concrete/Large Precast concrete）。

6. 砖石工程（Masonry）。

7. 结构、主体金属工程及木制工程（Structure/Carcassing metal/Timber）。

8. 幕墙、屋面工程（Cladding/covering）。

9. 防水工程（Waterproofing）。

10. 衬板、护墙板和干筑隔墙板工程（Linings/Sheathing/Dry partitioning）。

11. 门窗及楼梯工程（Windows/Doors/Stairs）。

12. 饰面工程（Surface finishes）。

13. 家具、设备工程（Furniture/Equipment）。

14. 建筑杂项（Building fabric sundries）。

15. 人行道、绿化、围墙及现场装置工程（Paving/planting/Fencing/Site furniture）。

16. 处理系统（Disposal Systems）。

17. 管道工程（Piped supply systems）。

18. 机械供热、冷却及制冷工程（Mechanical eating/Cooling/Refrigeration systems）。

19. 通风与空调工程（Ventilation/Air conditioning systems）。

20. 电气动力、照明系统（Electrical supply/Power Lighting systems）。

21. 通讯、保安及控制系统（Communications/Security/Control systems）。

22. 运输系统（Transport systems）。

23. 机电服务安装（Mechanical and electrical services measurement）。

（四）工程量清单内容构成。

工程量清单一般由下述5部分构成：

1. 开办费（Preliminary）

该部分的内容包括参加工程的各方、工程地点、工程范围、可能使用的合同形式及其他。在SMM7中列出了开办费包括的项目，工料测量师根据工程特点选择费用项目，组成开办费，开办费中还应包括临时设施费用。

2. 分部工程概要（Preambles）

在每一个分部工程或每一个工种项目开始前，有一个分部工程概要，包括对人工、材料的要求和质量检查的具体内容。

3. 工程量部分（Measured Work）

工程量部分在工程量清单中占的比重最大，它把整个工程的分项工程工程量都集中在一起。分部工程的分类有以下几种：

1）按功能分类。分项工程按功能分类组成不同的分部工程，无论何种形式的建筑，把其具有相同功能的部分组成在一起。

2）按施工顺序分类。按施工顺序分类的工程量清单是由英国建筑研究委员会开发的，其方法是按实际施工的方式来编制。

3）按工种分类。采用按工种分类方法，一个工程可以由不同的人同时计算，每人都有一套图纸和施工计划。

4. 暂定金额和主要成本（Provisional Sum and Prime Cost）

（1）暂定金额。根据SMM7的规定，工程量清单应完整、精确地描述工程项目的质量和数量。如果设计尚未全部完成，不能精确地描述某些分部工程，应给出项目名称，以暂定金额编入工程量清单。在SMM7中有两种形式的暂定金额：可限定的和不可限定的。可限定的暂定金额是指项目工作的性质和数量都是可以确定的，但现实还不能精确地计算工程量，承包商报价时必须考虑项目管理费。不可限定的暂定金额是指工作的内容范围不明确，承包商报价时不仅包括成本，还有合理的管理费和利润。

（2）不可预见费（Contingency）。有时在一些难以预测的工程中，不可预见费可以作为暂定金额编入工程量清单中，也可以单独列入工程量清单中。在SMM中没有提及这笔费用，但在实际工程运作当中却经常使用。

（3）主要成本。在工程中如业主指定分包商或指定供货商提供材料时，他们的投标中标价应以主要成本的形式编入工程量清单中。由于分包工程款内容范围与工程使用的合同形式有关，所以SMM7未对其范围做规定。

5. 汇总（Collections and Summary）

为了便于投标者整理报价的内容，比较简单的方法是在工程量清单的每一页的最后做一个累加，然后在每一分部的最后做一个汇总。在工程量清单的最后把前面各个分部的名称和金额都集中在一起，得到项目投标价。

（五）工程量清单的编制方法

英国工程量清单的编制方法一般有三种：传统式（Traditional working up）；改进式，也称为直接清单编制法（Billing directly）；剪辑和整理式，也称为纸条分类法（Cut and

Shuffle or Slip sortation)。

1. 传统式工程量清单编制步骤：

（1）工程量计算　英国工程量计算按照 SMM7 的计算原理和规则进行，工程量清单根据图纸编制，清单的每一项中都对要实施的工程写出简要文字说明，并注上相应的工程量。

（2）算术计算　此过程是一个把计算纸上的延长米、平方米、立方米工程量计算结果计算出来。实际工程中有专门的工程量计算员来完成，在算术计算前，应先核对所有的初步计算，如有任何错误应及时通知工程量计算员。

（3）抄录工作　这部分工作包括把计算纸上的工程量计算结果和项目描述抄录到专门的纸上。各个项目按照一定顺序以工种操作顺序或其他方式合并整理。在同一分部中，先抄立方米项目，再抄平方米和延长米项目；从下部的工程项目到上部的项目；水平方向在先，斜面和垂直的在后等。一个分部结束应换新的抄录纸重新开始。

（4）项目工程量的增加或减少　由于工程量计算的整体性，一个项目可能在不同的时间和分部中计算，比如墙身工程中计算墙身未扣去门窗洞口，而在计算门窗工程时才扣去该部分工程量。因此，需把工程量中有增加、减少的所有项目计算出来，得到项目的最终工程量。无论计算时采用何种方法，其结果应是相同的或近似的。

（5）编制工程清单　先起草工程量清单，把计算结果、项目描述按清单的要求抄在清单纸上。在检查了所有的编号、工程量、项目描述并确认无误后，交给资深的工料测量师来编辑，使之成为最后的清单形式。

（6）打印装订　资深工料测量师修改编辑完毕后，由打字员打印完成，并装上封面成册。

2. 改进式工程量清单编制方法　编写项目描述时应留有足够的空间，以便项目收集时可以做工程量增加、减少的调整。起草清单时，项目按照顺序依次编号直接写在计算纸上。

3. 剪辑和整理式工程量清单编制方法　这种方法在原理上和传统方法很相似，即工程量计算以整体的方式进行；它与清单的顺序不同，所有的项目在计算完毕后再整理分类。传统方式中是通过把项目按正确的顺序摘录在特别规定的纸上。而剪辑和整理的方式中是用手工分类，在工程量计算结束后，把计算纸剪下按清单的顺序分类。描述相同的项目放在一起归于一类装订在一起，加上一定的修改，就可以直接打印成清单。

（六）工程项目的费用构成

总成本由下列内容构成：总承包商的人工费；总承包商分摊到分项工程和开办费中的施工机械费；总承包商的材料费；总承包商下属的分包商的总费用；指定分包商的总费用；指定供应商的总费用；暂定金额计日工；不可预见费；监督本公司分包商和指定分包商的费用金额；材料和分包合同中的折扣金额。

通常在编制项目成本预算时，工料测量师应首先为这些成本要素确定一个能够统括一切的总费率，并用这一费率为工程量清单开列的每个计量项目分别计算其单价。